BEAUTY TREND
뷰티 트렌드

저자약력

홍수남(건국대학교 이학박사)

· 현) 한성대학교 뷰티디자인학과 교수
· 뷰티스타일링&퍼스널컬러&이미지메이킹 전문가
· 국가평생교육진흥원 미용분야 평가위원
· 한국산업인력공단 기능경기대회 및 국가기술자격증 심사위원
· 대한미용학회 상임이사 및 교육위원장

권오혁(원광대학교 미용예술학박사)

· 현) 한성대학교 뷰티디자인매니지먼트학과 교수
· 컬러이미지컨설턴트
· 한국서비스산업진흥원 전문직업 상담소장
· 미용사중앙회 경기지부 심사위원
· 대한미용학회 상임이사 및 회장

뷰티 트렌드
BEAUTY TREND

2021년 4월 5일 초판인쇄
2021년 4월 15일 초판발행
2025년 3월 30일 개정1판발행

저 자 홍수남·권오혁
발 행 인 조규백
발 행 처 도서출판 구민사
(07293) 서울특별시 영등포구 문래북로 116, 604호(문래동3가 46, 트리플렉스)
전 화 02.701.7421
팩 스 02.3273.9642
홈페이지 www.kuhminsa.co.kr
신고번호 제2012-000055호(1980년 2월 4일)
I S B N 979-11-6875-538-3(93590)
값 28,000원

뷰티 트렌드
BEAUTY TREND

머리말

시각적인 부분의 비중이 큰 뷰티와 패션분야는 트렌드에 매우 민감합니다. '비건뷰티', '클린뷰티'를 비롯하여 지구온난화의 현상을 반영한 '얼쓰뷰티', '컨셔스 뷰티' 등 다양하고 트렌디한 키워드의 출현도 뷰티분야의 빠른 사이클을 입증해 주고 있습니다.

본 저서는 뷰티분야에 입문 또는 전공진로를 결정하고자 하는 입문자에게 필요한 기본 저서로 트렌드의 개념과 유래, 종류를 비롯하여 트렌드 와칭에 대한 전반적인 내용, 트렌드를 파악하기 위한 관찰법과 이를 관찰하기 위한 일련의 과정들을 소개하였습니다, 또한 뷰티산업분야 및 전공의 흐름을 이해하기 위한 컬러, 메이크업, 헤어, 네일 등의 트렌드를 이해하고, 이를 적용하여 신선한 하나의 트렌드를 도출하기까지의 아이디어 발상 및 분석과정을 모두 수록하였습니다.

뷰티분야는 아트와 실용이 함께 접목 및 활용되는 분야이기에 뷰티분야의 트렌드를 잘 이해하고 이에 대한 흐름을 파악한다면 새로운 아이디어 도출은 물론 새로운 트렌드를 형성하는 데에 적잖은 도움이 될 것입니다. 따라서 뷰티에 입문하고 전공하고자 하는 모든 분들이 이에 대한 내용들을 섭렵함으로써 뷰티 트렌드 전문가가 되시기를 기대하는 바이며, 마지막으로 출판에 도움주신 구민사 조규백 사장님과 관계자분들께 깊은 감사의 말씀을 드립니다. 감사합니다.

저자 일동

목차 CONTENT

Chapter 01

트렌드(Trend)의 이해

1. 트렌드의 유래
2. 트렌드의 개념
3. 트렌드의 종류

학습목표

1. 트렌드의 어원과 유래를 학습한다.
2. 트렌드의 종류에 따른 개념과 차이점을 이해할 수 있다.

BEAUTY TREND

1. 트렌드의 유래

일반적으로 산업 전반에서 적용되고 있는 다양한 '트렌드'의 개념을 파악하기 전에 이에 대한 역사와 배경에 대해서 먼저 의미를 알아보는 것이 중요하다. 트렌드의 유래는 20세기의 오랜 기간에 걸쳐 통계학자와 경제학사 사이에서 사용됐다. 단어의 정의는 '방향을 틀다'라는 의미였으며, 통계학에서는 '곡선의 방향'이라는 뜻으로 사용되어 어떠한 산업에 대한 전망 또는 예측을 의미한다. 트렌드는 이처럼 유래되어 1960년 후반부터 패션업계에서 관련분야에 접목함으로써 일상적으로 '패션 트렌드'라고 사용되기 시작하였다(Henrik Vejlgaard, 2008)1.

트렌드의 어원은 '늘이다, ~로 향함, 겨냥하다, 목표하다'의 뜻을 지닌 라틴어 텐데레(Tendere)와 '회전하다, 순환하다, 돌다'의 의미를 지닌 고대 영어 트렌덴(Trendan)으로 텐데레와 트렌덴 두 가지 모두 경향, 동향, 추세와 반복되는 트렌드의 주기성 등의 의미를 내포하고 있다(서예지, 2018).

트렌드의 유래는 미국의 트렌드 전문가인 페이스 팝콘이 일반적인 트렌드와 일시적인 유행의 차이를 설명하면서 시작되었다. 일시적인 유행이란 한 때 반짝 유행하고 대중의 선호도는 매우 뜨겁지만 일정 기간이 지나면 사라지는 현상으로 이를 패드(Pad)라고 한다. 이는 소비자 선호도가 높아 단기간에 매출상승은 이루어지나 지속성이 없는 유행이다. 하지만 트렌드는 짧게는 3년, 길게는 평균 10년 정도로 지속성이 있으며, 소비자로 하여금 제품을 구매할 수 있도록 유도함은 물론 다양한 홍보와 관리, 마케팅 전략법이 가미되어 지속적인 구매가 이루어지는 것을 트렌드라고 정의하였다. 따라서 트렌드는 일시적인 유

1 Henrik Vejlgaard(2008). 트렌드를 읽는 기술, 비즈니스 북스. p. 22.

행인 패드와 지속성이 있다는 점에서 차별성이 있다.

2. 트렌드의 개념

뉴트로(Newtro)의 열풍이 부는 현대사회는 항상 새로운 것을 추구하는 현상으로 인해 다양한 매체를 통해 트렌드를 발표하고 선정하게 된다. 이는 산업분야에서 요구하는 차별화, 개성화, 다양화, 세분화, 전문화를 지향하기 현상과 시각적으로 보이는 것에 대한 중요성이 부각되기 때문이다.

트렌드에 대한 사전적인 정의는 명사로 '사상이나 행동 또는 어떤 현상에서 나타나는 일정한 방향'을 의미하고, 영어로는 '추세', '동향'을 말한다. 따라서 트렌드는 일시적으로 생겨났다가 사라지는 현상이 아닌 어느 정도 지속되는 유행을 의미한다.

2008년 이후 미국발 금융 위기의 영향으로 뉴노멀(New Normal)시대가 도래되었고 이에 따라 사회, 경제, 기술, 생태환경, 정치적 환경 변화 등은 기존 소비자 가치관의 변화와 라이프스타일에 중요한 영향을 미쳤으며 과거와 다른 새로운 것을 추구하는 현상으로 New Trend를 형성한다(정현, 2018).

트렌드를 분석한다는 것은 과거의 변화가 특정한 패턴을 유지하면서 미래에까지 그 영향력을 미치리라는 것을 가정하면서부터 시작하고, 이에 대한 분석 가치는 과거와 현재를 분석하여 미래를 대비할 수 있다는 장점이 있다. 정보의 흐름이나 올바른 트렌드 분석은 산업분야에서는 끊임없는 소비자의 니즈를 파악하고 이에 대한 마케팅 전략과 대처방안을 수립하는 것이며, 이는 곧 고객만족도는 물론 기업의 재방문과 구전의도까지 연결된다. 따라서 보다 정확한 산업분야의 트렌드 분석은 급변하고 있는 현대사회의 경쟁 속에서 소비자의 성향을 파악하고 수요를 반영함으로 인해 기업의 생존전략으로 발전시킬 수 있는 중요한 과정이다.

1 트랜스폼(Transform)

트랜스폼의 사전적인 의미로 모습이나 성격을 특히 더 좋게 '변형시키다', '완전히 바꿔 놓다'이며 '무(無)'에서 '유(有)'를 창조하는 것으로 과거에는 없었던 것을 새로이 만들어 내는 것이다. 이는 곧 관련분야의 혁신이라고 할 수 있으며, 과거에 존재했던 것이 아닌 현재와 미래에 존재할 새로운 흐름을 말한다.

2 리스트럭처(Restructure)

리스트럭처의 사전적인 의미는 Re+Struture의 합성어로 Structure의 구성, 구조, 구조물이라는 뜻과 Re가 접목되어 '재구성하다', '재조립하다, '구조를 조정하다', '개혁하다'의 의미로 사용된다. 즉 앞으로 유행할 아이템이 무엇인지를 예측하여 재구성하여 미래 시장의 수요와 흐름을 파악하게 된다.

3 에볼루션(Evolution)

에볼루션의 사전적인 의미는 '진화', '점진적인 발전'을 의미하며 과거에 있었던 제품의 단점을 파악하고 보완하여 현시대의 트렌드와 고객의 니즈를 반영하여 새로운 제품 또는 업그레이드된 제품으로 재개발 및 재생산하는 것을 의미한다. 또한 과거의 어떤 현상으로부터의 발전적인 진화를 통해 새로운 환경에 적응하고 발전해 가는 과정을 포함한다.

4 네트워크(Network)

네트워크의 사전적인 의미는 그물처럼 얽혀 있는 '망', 사람과 기업체와의 긴밀한 '관계'를 의미한다. 현대인들은 모든 관계망인 네트워크를 통해서 소통하고 인적 네트워크도 형성하게 된다. 현대인은 어떤 제품을 구입할 때 SNS(Social Network Services)를 통해 타인의 구매경험을 간접 경험하기도 하며, 관련분야의 유튜버(Youtuber)나 인플루언서(Influencer) 등을 통해 제품 구매에 도움을 받기도 하는데 이것이 일종의 네트워크 형성이라고 볼 수 있다.

5 디맨드(Demand)

디맨드의 사전적인 의미는 강력히 요구하는 '요구사항' 또는 어렵거나 힘이 드는 일에 대한 '요구', '수요'를 말한다. 이는 어떤 제품에 대해서 고객의 니즈를 반영하고 수요를 예측함으로써 새로운 상품개발과 홍보, 마케팅 등에 도움이 되며 이에 관한 결과는 고객만족도로 직결되어 새로운 흐름을 수용하고 트렌드로 정착하게 되는 것에 도움이 된다.

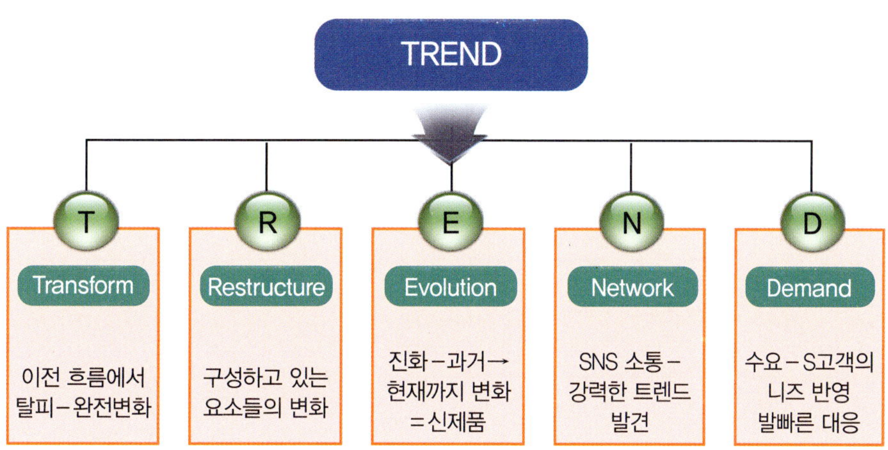

3. 트렌드의 종류

'트렌드의 리더(Reader)는 미래의 리더이다'(김경훈, 2005)라는 말이 있듯이 트렌드를 예측하고 파악한다는 것은 미래시장의 흐름 또한 파악할 수 있고 주도할 수 있다는 것을 의미한다.

흔히 트렌드라고 하면 종류에 따라 다르겠지만 일반적으로 짧게는 3년, 길게는 대략 5년~10년 정도 지속적으로 유행하는 것을 의미하며, 이는 뷰티, 패션, 산업분야 등에 대한 변화와 동향에 대한 추세이며 대중적으로 선호하는 흐름의 변화이다. 이러한 트렌드의 종류는 타깃층, 지속 정도와 방법, 지속 기간 등에 따라서 다양하게 구분된다.

전 세계적으로 획기적으로 이슈로 부각되고 있는 것이 오픈AI에서 개발한 GPT를 기반으로 하는 대화형 인공지능서비스이다. 이 CHATGPT는 OpenAI 플랫폼에 가입 후 무료 혹은 유료로 이용할 수 있으며, 데크스탑은 물론 스마트폰으로도 관련 애플리케이션을 다운 후 자유롭게 이용할 수 있다. 오픈AI의 시작은 2022년 11월 말이었으나 한국은 2024년 9월 22일 기준으로 한국어로 이용할 수 있게 되었고, 교육, 산업전반, 의료, 금융, 정치, 경제 등의 검색이 필요한 다양한 분야에서 활용도가 높아지고 있는 추세이다. 뷰티 및 패션을 총괄하는 외적 이미지 관리 분야에서도 AI(인공지능)와 AR(증강현실)을 시뮬레이션하고 접목한 플랫폼으로 '트위닛(Twinit)'이 개발되어 AI를 반영한 퍼스널컬러 진단하여 개인 이미지에 맞은 화장품을 추천하는 플랫폼이 개발되었다. 이 밖에도 ㈜비지엠플러스의 '미러톡톡' 스마트 미러가 퍼스널컬러 진단과 두피 타입, 고객관리 및 매장관리프로그램 등을 기기 내 심어 뷰티분야의 디지털 혁신을 이루어 가고 있는데, 프로그램을 개선 및 보완하여 지속적인 업데이트와 연구가 필요하다.

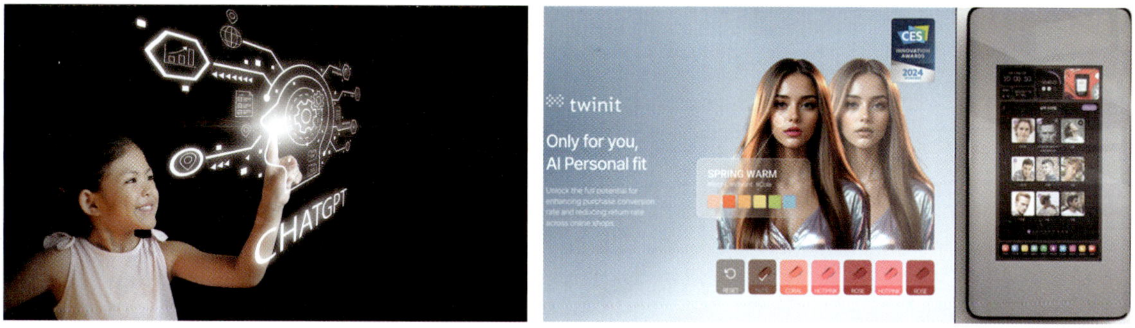

Figure 1. Open AI CHATGPT(좌), AI퍼스널컬러 진단 플랫폼 트위닛(Twinit)-앙트러리얼리티(중앙), ㈜ 비지엠플러스 '미러톡톡'(우)

출처 : 앙트러리얼리티 & ㈜비지엠플러스 홈페이지

1 마이크로 트렌드(Micro Trend)

마이크로의 개념은 일부 명사 앞에서 관형어로 쓰이며, ' 아주 작은 것' 또는 '미세한 것'을 이르는 말로써 '작은 트렌드', '미세 유행'을 의미한다. 따라서 뷰티나 패션, 산업분야의 마이크로 트렌드는 디자인 또는 컬러의 유행 등이 지속적으로 유행되기보다는 일시적으로 짧게 유행하는 것을 의미하며, 선호하는 타킷층 역시 대중적이라기보다는 일부 특정 선호 고객의 일시적인 유행으로 변화의 흐름과 지속성 또한 짧다.

메가 트렌드와 마이크로 트렌드는 다수집단이 선택하는 것과 또는 소수집단이 선택하는 것보다는 누가 먼저 선택하는지 아니면 조금 나중에 선택하는지에 대한 요인도 중요하다. 즉, 소수의 집단이 먼저 흐름을 일으키는 사람들을 주목하고, 거기에 다수집단의 동의를 얻어 그것에 공감해 어떤 흐름으로 진행되는지 결정하게 된다. 그래서 소수의 사람이 다수의 마음을 사로잡으면 그것이 하나의 트렌드로 정착하기도 한다.

트렌드에 대한 비중을 쉽게 설명해보면, 전반적인 트렌드가 100이라고 가정하면 메가 트렌드가 70% 정도 차지하고, 나머지 30%는 마이크로 트렌드로 정착하게 되는 경우가 많다. 뷰티분야의 마이크로 트렌드는 건강한 육체와 아름다움을 동시에 추구한 요가, 봉체조, 줌바댄스 등을 예로 들 수 있다.

Figure 2. 요가(좌), **Figure 3.** 봉체조(중앙), **Figure 4.** 줌바댄스(우)

출처 : https://blog.naver.com/mcdavid7/220894875400

2 메가 트렌드(Mega Trend)

메가 트렌드는 사회 전반에서 일어나는 거대한 흐름을 의미한다. 이는 미국의 미래학자 나이스빗(Naisbitt, J.)의 저서 《메가 트렌드》에서 처음 사용되었으며, 저서의 세부적인 내용으로는 탈공업화 사회, 글로벌 경제, 분권화, 네트워크형 조직 따위를 내용으로 다룬 것에서부터 유래되었다. 메가 트렌드는 단순한 트렌드와는 개념적인 부분에서 차이가 있다. 즉 일반적인 트렌드보다는 지속 기간이 매우 길며, 이는 국내뿐만 아니라 해외 및 전 세계적으로도 유행하고 한 분야가 아닌 여러 산업분야에도 영향을 끼쳐 상호 동반 상승하는 지속적인 유행을 의미한다.

메가 트렌드의 사회 전반적인 예로는 건강을 위해 지속해서 유행하고 있는 헬스, 웰빙 추구 현상, 건강한 식습관을 위한 채소와 과일 등의 추구 현상 등이 이에 해당한다. 뷰티 분야의 메가 트렌드는 몸속의 독소를 제거하는 디톡스와 다이어트 관련 식품 유행의 거대한 바람, 이너뷰티를 위한 먹는 콜라젠의 유행, 피로와 스트레스를 풀어 줄 홈 디바이스 등이 이에 해당한다.

Figure 5. 이즈유 홈안마기(좌), **Figure 6.** 푸응나이트버닝(중앙), **Figure 7.**뮤신 글로우

출처: 이지유 & 닥터블릿 & 퓨리카 홈페이지

이 밖에도 과거 뷰티분야의 손기술의 활용도가 높은 아날로그 감성이 디지털 디바이스 기기의 연구 및 확대 개발이 활성화되고 있다. 일례로 개인의 맞춤 이미지 연출을 위해 퍼스널컬러를 반영한 메이크업 컬러를 찾아주는 애플리케이션을 로레알 그룹에서 AI를 기반으로 한 뷰티 앱 '로레알 파리 뷰티 지니어스'를 개발하였다.

Figure 8. 뷰티 디지털 디바이스 기기 동국제약 '마데카 프라임(좌)'/듀얼소닉 맥시멈(중앙)
/로레알 그룹 GEN AI 기반의 뷰티 앱 '로레알 파리 뷰티 지니어스'(우)

출처: 동국제약 & 듀얼소닉 & 로레알 그룹 홈페이지

3 패드(Fad)

보편적으로 지속성이 유지되는 트렌드와 단시간에 일시적으로 유행하는 흐름의 차이는 지속성의 여부로 판단된다. 트렌드에 대해서 미국의 트렌드 분석 전문가 '페이스 팝콘'은 일시적인 유행과 트렌드의 차이에 대해서 언급한 것은 인용해 보면 다음과 같다. 일시적인 유행의 시작은 화려하지만 곧 사라져 버리는 것이며, 이는 순식간에 돈을 벌고 도망가기 위한 민첩한 속임수와 같은 것이라고 하였다. 하지만 트렌드라는 것은 제품을 구입하도록 하는 원동력에 관한 것이며, 패드보다 훨씬 기간이 길고 범위 또한 광범위하며, 꿋꿋한 바위와 같다고 표현하였다. 지속 기간은 평균 10년 이상 지속하는 것을 트렌드라고 설명하여 패드와의 차이점을 제시하였다.

Fad에 대해서 미국 델라웨어대학의 사회학 및 형사사법 학부 교수인 조엘 베스트(Joel Best)가 2006년 《댓츠 어 패드》를 통해 'For a day'의 줄임으로 Fad라고 명명하였으며, 이는 1년 미만의 단기간에 급격하게 인기를 끌다가 최고점에 다다른 후 사라지는 것이라고 설명하였다.

이처럼 패드는 유행 속도가 지속되지 않고 아주 단기간에 인기가 있으며 선호층도 한정된 유행 방법이다. 패드에 관한 한국 사회의 대표적 사례는 2002 월드컵의 '붉은 악마'의 빨간 티셔츠의 유행, 그룹을 이루어 춤추는 셔플댄스, 환경오염과 미세먼지로 인한 '마스크'의 착용 등이 일시적인 유행이라고 할 수 있다.

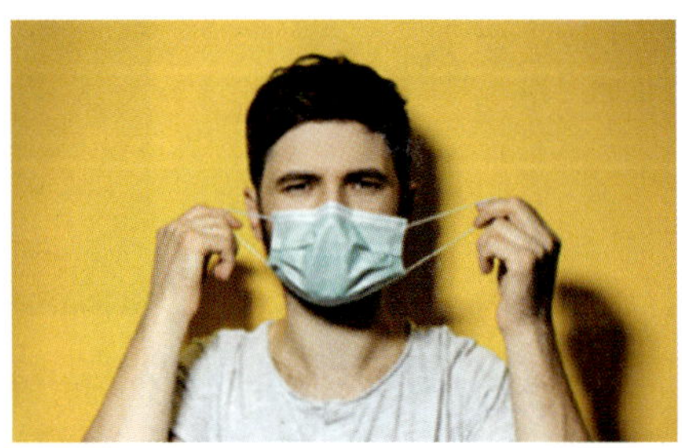

Figure 9. 패드(붉은악마 T-셔츠(좌), **Figure 10.** 셔플댄스(중앙), **Figure 11.** 마스크(우)

출처: 네이버 지식백과, https://blog.naver.com/j2kyun/221696198718

2024년을 기준으로 한 패드의 일례로 요식업 부문에서는 작은 과일 등을 꼬치에 꿴 뒤 설탕 시럽 및 물엿을 입혀 만드는 중화권 과자인 '탕후루'와 중국 쓰촨 러산에서 유래한 중국의 음식으로 향이 강하고 매운맛이 특징인'탕 요리'의 '마라탕'이 핫한 인기를 끌었으며, 건강한 자기관리를 위한 운동으로는 테니스가 마니아층이 구성되어 유행하였다.

Figure 12. 탕후루(좌), **Figure 13.** 마라탕(중앙), **Figure 14.** 테니스(우)

출처: 네이버 지식백과, https://namu.wiki/w/%ED%83%95%ED%9B%84%EB%A3%A8

Chapter 02

트렌드 와칭

1. 트렌드 와칭의 개념
2. 트렌드 와칭의 종류
3. 트렌드 와칭의 5가지 기본자세
4. 트렌드 와칭의 목적

학습목표

1. 트렌드에 와칭에 대해서 이해할 수 있다.
2. 트렌드 와칭의 종류와 전반적인 이론에 대해서 이해할 수 있다.

B E A U T Y T R E N D

트렌드를 분석하기 위해서는 다양한 매체를 통하여 실제 그 산업분야의 흐름을 파악하고 고객의 수요를 반영하고 기존에 존재했던 것이 아닌 새로운 마케팅의 흐름을 분석해야 한다. 또한, 다른 방법은 먼저 트렌드를 읽고, 새로운 디자인을 생각하며 다양한 정보의 형태에서 고객이 요구하는 디자인을 창출해냄으로써 시장의 변화를 함께 예측하는 것이다.

1. 트렌드 와칭(Trend watching)의 개념

트렌드 와칭은 트렌드(Trend)와 와칭(Watching)의 합성어로 트렌드를 지켜보는 것, 즉 트렌드를 파악하는 것을 의미한다.

'보다'라는 개념의 Watch와 See의 차이점에 대해서 알아보면 다음과 같다. 먼저 Watch는 시간과 관심을 기울이며 '보다', '지켜보다', '주시하다' 등의 의미로 사용되며, See는 눈으로 '보다', '알다', '목격하다'로 Watch의 '지켜보고, 주시하다'와는 다른 개념으로 그냥 어떤 사물을 볼 때 주시하지 않고 편하게 보는 것을 의미한다. 따라서 사물이나 현상을 볼 때 Watch와 See의 차이점은 있으며, 트렌드 와칭은 뷰티, 패션, 산업전반, 문화적·사회적인 현상 등의 흐름을 파악하고 지켜보며 기존에 없었던 새로운 것을 개발 및 창조하고자 하는 의지가 담겨 있다.

2. 트렌드 와칭의 종류

삶을 관찰하면 일상에서 트렌드가 보인다는 말이 있다. 이 말은 즉 일상에서 트렌드를 흔히 찾을 수 있다는 말이며, 우리 주변을 잘 살펴보면 전문가가 아니더라도 쉽게 트렌드를 파악할 수 있는 의미로도 해석된다.

트렌드에 대해서 우리가 직접 몸으로 체감하지는 못할지도 모르지만, 현재 우리가 살아가는 세상은 다양한 트렌드 속에서 하루를 살아가고 있다. 개인적으로는 사용하지 않았던 제품이 많은 사람에게는 훌륭한 상품이 되는 경우도 있고, 새로운 핫 트렌드가 되어 하나의 트렌드가 정착하기도 한다. 그래서 관련분야의 수많은 전문가와 제품 및 산업회사의 CEO, 학문연구를 위한 학자들 등은 현대사회의 새로운 흐름을 예측하고 분석하며 New 트렌드를 선정하는 것은 트렌드 분석에서 차원에서 매우 중요한 일이다. 트렌드 와칭의 종류는 다음과 같다.

1 타운 와칭(Town Watching)

타운 와칭은 현재 내가 살고 있는 도시를 구성하고 있는 주변인들로부터 새로운 트렌드를 파악하는 것을 의미한다. 개인마다 개성이 있고 새로운 것을 추구하는 현상도 다르며, 개인마다 접하는 대중매체도 다르고 생각 등 모든 것이 다양하다. 즉 다양성 속에서 많은 사람이 객관적으로 선호하는 현상이 공통되고, 유행의 흐름을 파악할 수 있는 것이 타운 와칭이다.

2 홈 비지팅(Home Visiting)

홈 비지팅은 고객의 수요를 조사하기 위해 직접 고객의 집을 방문하여 제품에 대한 다양한 인터뷰를 통해 의견을 수렴하고 반영하여 기존 제품에 대한 단점을 보완하고 장점은 부각시켜 새로운 제품 개발 및 출시에 도움이 되는 와칭법이다.

3 매장 와칭(Store Watching)

매장 와칭은 아이 쇼핑(Eye shopping)의 일환으로 사용되기도 하며, 아니면 고객이 제품 구매를 위해 직접 매장을 내방하였을 때 제품에 대한 고객의 반응을 파악하여 새로운 제품 개발에 유용하게 활용되는 와칭방법이다.

4 대중매체 와칭(Mass Media Watching)

다양한 대중매체인 TV, 잡지, 신문, 인터넷, SNS를 통해 고객의 수요를 파악하는 방법을 의미한다. 현대에는 뷰티, 패션, 음악, 여행 및 관광, 먹방, 헬스 등 다양한 분야에서의 유튜버 또는 인플루언서의 활동이 활발하며, 이러한 활동들이 대중매체 와칭에 중요한 영향력을 발휘하며 새로운 트렌드로 자리매김하게 된다.

3. 트렌드 와칭의 5가지 기본자세

트렌드를 파악하기 위해서는 다양한 정보를 찾아서 움직이고, 분석하며 그 현상에 대해서 이해하는 능력이 필요하다. 트렌드 와칭에 대해서 김선주와 안현정(2013)의 '트렌드 와칭' 저서에서 다음과 같이 5가지 기본자세를 제시하였다.

(1) 늘 새로운 것에 관심을 가지고 예의주시하라

(2) 미묘한 변화에도 주의 깊게 보아라

(3) 익숙한 것에 의문을 던져라

(4) 작은 변화도 흘려 보지 말고 고객의 행동유형을 살펴라

(5) 조사결과를 내가 하는 일과 긍정적으로 연관시켜라

따라서 위에 제시한 5가지를 기본자세를 준수하면 우리도 주변에서 쉽게 트렌드를 파악할 수 있을 것이다.

4. 트렌드 와칭의 목적

'무(無)'에서 '유(有)'를 창출한다는 것은 기존 출시된 제품에 대한 장단점 파악은 필수이며, 방대한 정보 속에서 급변하는 시대의 흐름과 고객의 수요와 요구사항을 실시간 반영하고 수정하며 추후 예측할 수 있는 능력 또한 필요하기에 다음과 같은 목적이 있다.

'고객은 눈에 보이지 않는 것을 산다'라는 말이 있다. 즉 제품 개발의 많은 부분은 결국 제품의 가치를 실체가 있는 것으로 간주하며, 즉 눈에 보이는 것으로 바꾸는 힘이 마케팅이고 이것이 추후 트렌드로 자리 잡게 된다.

현대인은 무수히 많은 무한 경쟁 시대 속에서 살아가고 있으며, 새로운 디자인의 출시 및 기술의 변화는 지속해서 이루어지고 있다. 따라서 트렌드를 주도하려는 트렌드세터가 되기 위해서는 정체된 디자인의 익숙함보다는 변화와 혁신을 추종해야만 한다는 것을 의미한다.

1 차별화된 아이디어 및 마케팅 전략

동일 제품의 다양한 사이트, 유사제품의 경쟁 사이트 등이 넘쳐나는 경쟁 시대에서 남과 차별화된 아이디어가 없다면 매출로 인한 수익, 브랜드 및 제품의 인지도 등의 하락으로 회사의 지속성을 보장할 수가 없다. 따라서 디자인, 제품 개발 및 판매 분야에서는 다양한 매체를 통한 디자인 감각을 향상시키고 고객의 니즈를 반영하여 차별화되고 세분화된 아이디어와 마케팅 전략이 필요하다.

2 고객서비스 및 만족도 체크

대화의 기본은 상호 소통이며 마케팅의 활성화는 고객의 마음을 읽는 것이다. 즉 제품이나 디자인에 대한 고객만족도를 체크하는 것이며, 이는 곧 추후 재구매 또는 구전의도로 연결된다. 고객만족도를 향상시키기 위해서는 어쩌다가 발생하게 되는 블랙컨슈머(Black consumer)의 의견에도 귀 기울여야 하며, 블랙컨슈머의 올바르고 현명한 대처는 충성고객으로 연결되는 확률이 높기에 모든 고객에게 충실해야 한다.

눈에 보이는 않는 것을 보이는 것처럼 균일하고 약속된 수준의 가치를 전달하는 것은 대단한 가치가 있고 그만큼 어려운 일일 것이다.

3 디자인 감각

겉보기에 동일한 제품으로 보이는 것의 차이점을 발견한다는 것은 쉬운 일이 아니다. 세상에는 무수히 많은 가품인 이미테이션이 많으며, 이를 가려내는 것 또한 어려운 일이다. 따라서 경쟁사에서 모방 가능한 제품이 아닌 모방할 수 없는 차별화된 디자인의 제품을 출시한다는 것은 경쟁사 제품의 디자인과 장단점을 모두 파악하는 것이 중요하며, 이로 인해 차별화된 디자인으로 제품이 출시되고 이는 곧 매출로 연결된다.

Chapter 03

트렌드 키워드와 패션아이콘

1. 트렌드 관찰법
2. 트렌드 코리아가가 선정한 2024 Hot 10대 소비트렌드 상품
3. 트렌드 코리아
4. 패션아이콘

학습목표

1. 트렌드 관찰법에 대해서 학습한다.
2. 트렌드 코리아 선정 2024 Hot 10대 소비트렌드 상품에 대해서 학습한다.
3. 트렌드 코리아 2025에 대해서 학습한다.
4. 패션아이콘에 대해서 학습한다.

BEAUTY TREND

1. 트렌드 관찰법

트렌드를 관찰하는 방법은 여러 가지가 있다. 우리가 쉽게 접하게 되는 TV와 영상매체에서 등장하는 주인공의 패션, 관련 서적, 매월마다 발간되는 월간지, 영화 등에서 주인공의 패션을 파악할 수 있는 영상매체, 해마다 해가 바뀌면 그 해의 패션과 뷰티의 흐름이 파악 가능한 트렌드쇼, 요즘 가장 핫한 SNS(Social Network Service)의 영향으로 우리 주변에서도 쉽게 트렌드를 파악할 수 있다.

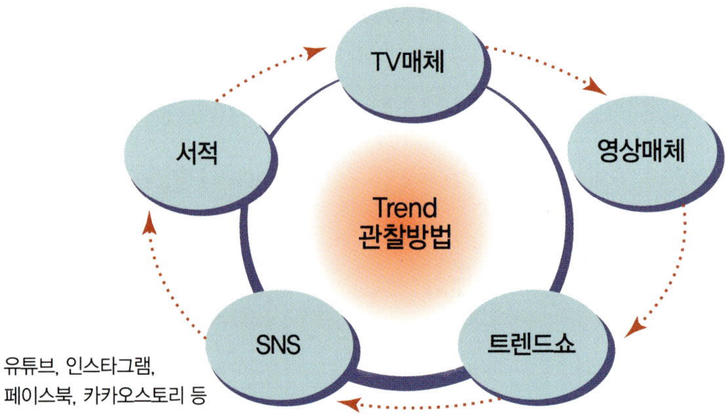

Figure 1. 트렌드 관찰법

2. 트렌드 코리아가 선정한 2024 Hot 10대 소비트렌드 상품

1 푸바오

푸바오는 원래 한중 수교로 받은 중국의 선물로 2020년 7월 20일 용인에버랜드에서 국내 최초로 자연번식에 성공하여 태어난 자이언트 판다이다. 판다라는 동물의 형태적인 귀여움과 사육사와의 순수하고 따뜻한 스토리는 한국 대중들은 물론 판다를 사랑하는 중국 및 일본 등의 외국인들에게도 유명인사가 되었다. 푸바오는 2024년 4월 3일 에버랜드를 떠나 중국으로 환송되었으며, 푸바오의 팬들인 환송객이 6천여명이 모여 아쉬움 마음으로 배웅하였다.

Figure 2.푸바오와 사육사(좌), **Figure 3.** 푸바오와 사육사(중앙), **Figure 4.** 푸바오 환송일(우)

출처: 용인에버랜드

2 AI 스마트폰

인터넷 연결 없이도 정보처리가 가능한 온디바이스 AI가 탑재된 스마트폰의 출시로 스마트폰 시장이 들썩였다. 2024년 11월부터 대한민국에 이슈가 되고 있는 Open AI의 CHATGPT가 삼성 갤럭시노트 S25에 탑재되어 인공지능이 검색해 주는 서비스가 가능하며 이를 필두로 하여 전세계가 생성형 AI 시장에 주목하고 있다.

Figure 5. 삼성갤럭시 S25(좌), **Figure 6.** AI(인공지능)(중앙), **Figure 7.** CHATGPT 스마트폰(우)

출처: 삼성전자

3 숏폼 음원

숏폼(Short form)음원은 주로 SNS 등에 활용되는 30초 또는 1분 미만의 음원을 의미한다. 이는 주로 유튜브나 인스타그램, 릴스 등에 짧은 시간으로 재생되며, 원곡에서 포인트가 되는 하이라이트 부분 또는 특정 부분을 편집하여 숏폼 음원으로 제작하거나 타인의 음원을 공유하는 등 다양한 방법으로 활용하는 것이 유행이었다.

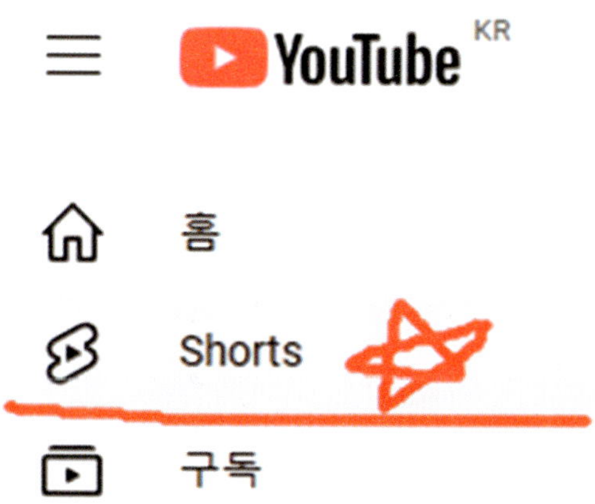

Figure 8. 유튜브 화면(좌), **Figure 9.** 인스타그램 숏폼 음원 활용사례(중앙),
Figure 10. 인스타그램 숏폼 음원 활용사례(우)

출처: 유튜브, 인스타그램

4 일본 여행

엔저란? 엔/달러 환율이 오르는 엔화 약화현상을 말한다. 예전에는 100엔이 한화 1,000원이었다면 요즘은 800대 후반대까지 하락하게 된 현상을 엔저 현상이라고 한다. 재테크에 관심 있거나 경제관념에 발빠른 소비자들은 엔화를 활용하여 엔테크를 하는데, 이는 한국사회의 금테크처럼 엔화 환율 환차익을 이용하여 재테크하는 것을 의미한다. 현재 일본의 엔화가 경제상황에 따라 하락됨에 따라 슈퍼엔저 현상이 나타나고 있는데, 해외여행 계획이 있는 여행객들이 한국과 가까운 곳이기도 하고, 엔화가 가장 저렴할 때 기회를 놓치지 않고 일본여행을 즐기는 경우가 많았다.

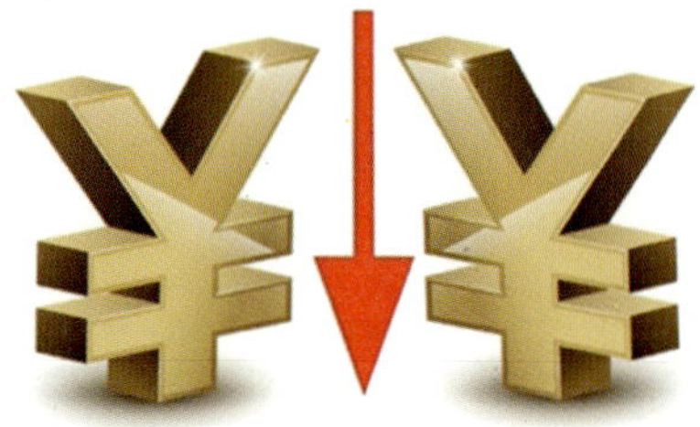

Figure 11. 엔화 인하(좌), **Figure 12.** 엔화(중앙), **Figure 13.** 일본 여행 안내(우)

출처: https://blog.naver.com/joamail/223538165605

5 C커머스

C커머스란 China+e-Commerce의 합성어로, 중국의 이커머스 플랫폼을 의미한다. 이는 온라인 공간에서 다른 기업과 기술 및 정보공유를 통해 수익을 창출하는 새로운 전자상거래 방식으로 기존의 커머스가 수익창출에 한계가 나타나자 한단계 진화한 c커머스의 필요성이 대두되었다. 기존의 이커머스 업계에서는 C커머스의 성장세가 일시적이라는 평도 있는데, 그 이유는 중국에서 수입되는 일부 제품에서 유해한 물질이 간혹 함유되어 있어 한국 비즈니스 업계에서는 '저가의 일회성 소비'에 치중된다고 평가하였다. C커머스의 비즈니스 모델로는 알리익스프레스, 테무부터 쉬인, 타오바오 등이 중국 내 뿐만 아니라 한국에도 활동하게 진출하여 전 세계 소비자들의 마음을 사로잡고 있다.

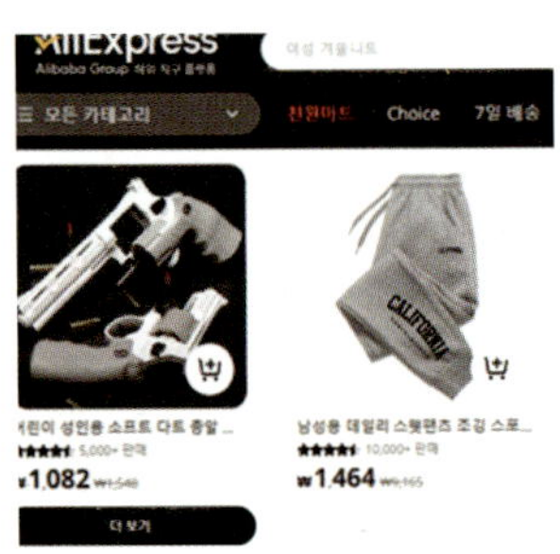

Figure 14. C커머스 로고(좌), **Figure 15.** 알리익스프레스 홈페이지(중앙), **Figure 16.** 테무 홈페이지(우)

출처: 알리익스프레스, 테무 홈페이지

6 공공기관 유튜브

유튜브라고 하면 대부분 개인이나 일반 회사에서 제품이나 자기 PR을 위해 활용하는 경우가 많았다. 하지만 이제는 공공기관도 신입사원 채용박람회를 진행하거나 홍보전략을 진행할 때 트렌드를 반영하여 유튜브 채널을 활용하는 기관들이 늘어나고 있다. 전국 지자체를 포함한 공공기관의 주요 홍보전략으로 자리잡은 유튜브 채널은 단순한 정보의 공유나 안내, 비즈니스 마케팅의 활용을 떠나 이제는 공공기관의 새로운 홍보전략으로도 자리잡고 있다. 이는 기존 공공기관의 홍보방식인 홈페이지의 채용공고가 아닌 실시간 라이브 유튜브 채널을 활용하여 채용설명회를 진행하여 구직자가 필요로 하는 정보를 실시간 채팅창을 통해 질의응답을 주고 받는 시스템으로 진행되는 것이 채용방식의 새로운 트렌드로 발전하고 있다.

대표적인 사례로 한국마사회는 2025년 1월 14일부터 16일까지 서울 양재 aT센터에서 열린 「2025년 공공기관 채용정보박람회」에 참여하여 라이브 채용설명회, 현장 부스 운영, 온라인 오픈채팅 상담 등 취업 정보 제공을 위한 다양한 프로그램을 진행했다고 밝혔다. 공공기관 이외에도 우리나라 언론사들도 수십개의 채널을 활용하여 별도의 수익을 창출하는 경우가 많다.

Figure 17. 2024 한국마사회 운영 화면(좌), **Figure 18.** 2025 공공기관 채용정보박람회 운영 화면(중앙), **Figure 19.** 2025 한국마사회 신입사원 채용 화면(우)

출처: 한국마사회

7 저렴이 화장품

한국사회의 경기불황으로 고객의 심리는 불안해지는 현상과 맞물려 이제는 얼굴에 바르는 화장품을 가성비가 좋은 저렴한 화장품으로 바르는 시대가 찾아왔다. 대기업인 LG 생활건강에서는 화장품을 소용량, 가성비를 추구하는 '저렴이'로 승부를 보자는 일념으로 이커머스·유통시장에 뛰어들었고, 대기업들의 K뷰티 전략싸움이 치열하다. '저렴'의 대명사로 불리우는 다이소에서는 대기업에서 생산하는 화장품을 다이소 전용으로 출시하는 경향은 온·오프라인 뷰티시장의 강자인 올리브영에는 없는 럭셔리 뷰티 카테고리를 강화해 타깃 고객과 장바구니 크기를 키우려는 이커머스부터, '가성비·저렴이'로 젊은 고객의 손쉬운 소비를 이끄는 편의점과 다이소도 뷰티에 적극적으로 뛰어들고 있는 것이 코스메틱 분야의 하나의 사례라고 볼 수 있다.

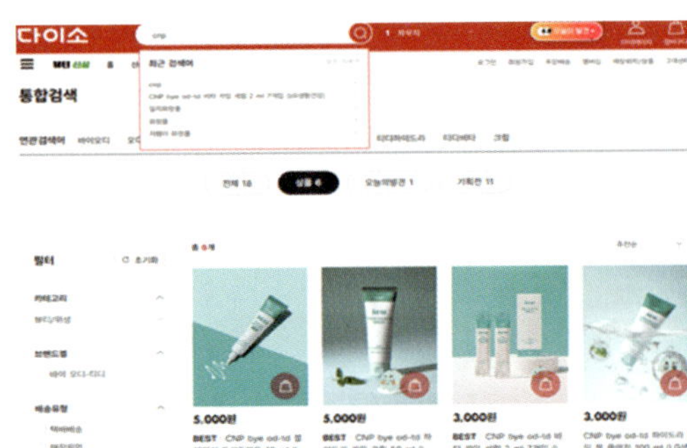

Figure 20. 잘 때 꼭 바르는 크림(좌), **Figure 21.** 다이소 저렴이 화장품(우)

출처: 홈앤쇼핑 & 다이소 홈페이지

8 로컬 브랜드

한국사회가 직면한 저출산 고령화로 지역사회의 소멸이 심각해지고 있다. 최근 고객들의 소비하는 판도가 달라졌다. 특히 마케팅 구매력과 제품에 관심이 높고, 활동성이 많고 독특하고 차별화된 것을 선호하는 MZ세대의 경우는 내가 어떤 상품을 소비하고, 그 상품이 어떤 가치를 지니고 있는지에 중점을 두어 소비활동을 하고 있다. 이러한 소비행태를 미닝아웃(Meaning-out)라고 하는데, 미닝아웃은 '믿음'이라는 뜻의 미닝(Meaning)과 벽장에서 나온다는 뜻의 '커밍아웃(Coming out)의 합성어로 소비를 통해 개인의 가치관이나 신념을 보여주는 소비행태를 일컫는다. 이렇게 다양한 현상 속에 소비자의 마음이 움직인 사례가 로컬브랜드이고, 출시 배경과 계기는 지역의 자원과 문화를 재해석하는 전국의 로컬브랜드를 활성화 하여 지역 소멸의 대안으로 부상하고 있는 마케팅 전략으로부터 시작되었다. 가장 두드러지는 현상은 로컬 브랜드의 활약이다. 특히 지역 농산물을 활용한 F&B브랜드 사례가 주목받는다. 강원도를 기반으로 하는 농업회사법인 '밭'의 감자빵이 대표적이다.

로컬 브랜드를 이용할 때는 다음과 같은 특성을 체크해야한다. 첫째, 브랜드만의 정체성(아이덴티디)이 있는지, 둘째, 지역의 가치와 정체성을 하나의 브랜드로 만들었는지, 셋째, 지역경제활성화에 이바지하는지, 넷째, 지역문화를 보존하면서 사람들에게 독특한 경험을 선사하는지, 다섯째, 지역의 이미지를 잘 만들고 있는지가 중요하다.

Figure 22. 대전 성심당(좌), **Figure 23.** 경주 황남빵(우)
Figure 24. 강원도 카페 밭의 감자빵(좌), **Figure 25.** 단양마늘빵(우)

출처: 대전성심당 & 경주황남빵 & 카페 감자밭 & 단양마늘빵 홈페이지

9 스포츠 관람

스포츠 관람에 대해 일부 매니아층을 위주로 한 경기가 많았고, 연령대는 대체적으로 젊은 층이 많으며 일반인이 편하게 접근할 수 있는 분야는 아니었다. 하지만 트렌드 코리아 분석센터에서 2천명을 대상으로 하여 온라인 설문조사를 한 결과, 2024년 10대의 트렌드 중 아홉 번째가 스포츠 관람이었다. 대중매체에서 주로 방영되는 스포츠는 주로 축구, 야구 등의 대중적인 스포츠나 일부 특정 매니아층만 있는 골프 프로가 주를 이루었다. 하지만 이제는 종목에 상관없이 남성이 주측으로 구성되었던 스포츠 애호가의 성별을 파악해 보면, 예전에 비해 여성의 비중이 높아졌고, 연령대 또한 다양해졌다. 이러한 현상의 결과로 2024년에는 역대 최대치를 기록한 프로 스포츠 관람객 수를 달성하였고, 이는 가성비가 뛰어난 취미이며, 덕질문화가 이제는 패션, 요리 등을 넘어 스포츠까지 연결되었다고 볼 수 있다. 이를 풀이하면 스포츠를 즐기는 대상으로 여성의 폭이 넓어지고, 연령대는 높아졌으며 종목은 다양해졌다고 보여진다.

Figure 26. jtbc 마녀체력 농구부(좌), **Figure 27.** tvN 올탁구나(우)
Figure 28. MBN 내일은 위닝샷(하단)

출처: jtbc & tvN & MBN 홈페이지

10 육아지원제도

여성의 경우 결혼과 출산으로 인해 직장을 퇴사하거나 경력이 단절되는 경우가 많았다. 트렌드 코리아 2024의 키워드 중 하나인 '요즘 남편 없던 아빠'가 등장했을 때 과거와 다른 가정환경에 대해서 다름을 느꼈다. 부부생활에서 육아휴직은 대부분 여성의 몫이었던 것이 남편이 육아유직을 하는 경우가 늘고 있었기 때문이었다. 이는 불과 몇 년 전만 해도 절대로 상상할 수 없는 일이었지만 지금은 자연스러운 가정문화의 현상이 되어 가고 있으며, 이는 여성의 경력단절을 줄이는데 중요한 역할을 한다. 이를 위해서 육아와 일의 균형을 맞추며 워라벨을 추구하는 요즘 부모들이 증가하면서 출산과 육아휴직에 대한 정부의 지원도 점점 확대되어 가고 있는 것을 사례로 제시하였다.

Table. 2025 육아지원제도

	2024년(기존)	2025년 이후(개정)
임신기 근로시간 단축	임신 후 36주 이후	임신 후 36주 이후
난임치료 기간	3일	6일
출산휴가	미숙아 출산 시: 90일 유산 사산 시: 5일 배우자 출산휴가: 10일	100일 10일 20일
육아휴직		1~3개월: 250만 원 4~6개월: 200만 원 7개월 이상: 160만 원
육아기 근로시간 단축	자녀 연령 확대: 8세 최소사용기간: 3개월	12세 1개월
대체인력지원금	월 80만원	120만 원

3. 트렌드 코리아

매년 대한민국의 트렌드를 발표하고 있는 대표 저자 서울대학교 생활문화대학 소비자학과 교수 김난도 교수는 2025년 유행할 트렌드에 대해서 전문 연구진과 같이'트렌드 코리아 2025'의 10대 키워드로'SNAKE SENSE'를 발표하였다. 2025년은 을사년으로 푸른 뱀의 해, 즉 '청사의 해'라고 하였다. 뱀이라는 동물은 어떤 사냥감이라도 놓치지 않고 빠르게 변화하는 세상에 날카로운 감각으로 새로운 기회를 잡아채자는 취지로 'SNAKE SENSE'의 10대 키워드를 발표하였다.

Table. 2025 트렌드 코리아 키워드 10가지

	트렌드	소개
1	옴니보어	소비전형이 무너지고 잡식성 옴니보어들의 다양한 소비
2	#아보하	'아주 보통의 하루'의 줄임말로 '소확행인''소소한 일상'과 유사
3	토핑경제	완성된 상품 대신 자신만의 개성을 가미한 '토핑'방식
4	페이스테크	얼굴을 활용한 새로운 기술의 시대가 도래
5	무해력	판다 '푸바오', 작은 화분, 앙증맞은 미니어처처럼 해가 없고 편안한 감성
6	그라데이션K	한국을 의미하는 일명 'K'문화는 글로벌문화+다문화의 결합
7	물성매력	디지털 시대에서도 소비자는 직접 보고 실제로 만지며 구매
8	기후감수성	지구와 환경에 대해 예민하고 반응하고 기후 문제 해결을 위한 노력
9	공진화전략	혼자 살아남는 시대는 가고 협력이 필요한 시대
10	원포인트업	오늘 하루 1%만 더 나아지자는 자기계발의 새로운 기준

출처 : 서울대학교 소비트렌드분석센터의 2025 전망(2024 9월 25일 출판). 김난도 외 10인 공저. 미래의창, 네이버 국어사전

1 옴니보어(Savoring a Bit Everything Omnivores)

옴니보어를 이해하기 전에 먼저 옴니버스(Omnibus)에 대해서 알아야 한다. 이는 라틴어로 '모든 이를 위한', '줄여서는 버스'라는 뜻이며, 영화나 연극의 한 형식으로, 하나의 주제를 중심으로 하여 몇 개의 독립된 짧은 이야기를 늘어 놓아 한편의 작품으로 만드는 것을 의미하는데, 이러한 현상은 다방면에서 나타나고 있다.

Figure 29. SBS 굿파트너(좌), **Figure 30.** 교촌치킨의 옴니버스 메뉴(우)
Figure 31. 지드래곤 옴니버스 패션(하단)

출처: SBS, 교촌치킨, 지드래곤 SNS

1) 옴니보어의 개념

이 단어의 개념은 원래 생물학에서 잡식성(雜食性)이라는 의미에서 파생하여, 현대 소비 트렌드에서는 잡식성 소비를 추구하고, 다양한 분야에 관심을 가지고 여러 경험을 즐기는 소비자를 의미한다. '다양한 선택을 넘나드는 소비'의 형태로 고정관념이 사라진 시대이며, 모든 분야에 경계와 구분을 지우고 완전히 새로운 소비시장을 만들어 가는 것이다.

2) 옴니보어의 특징

옴니보어 소비자들은 본인의 개성과 취향에 맞는 소비를 한다. 사례로는 첫째, 음악, 미술, 패션 등 특정분야에 국한되지 않고 여러 분야에 관심을 가지고, 둘째, 나이, 성별, 소득, 인종과 같은 전통적인 구분을 넘어 자신만의 취향을 추구하며, 셋째, 나의 기분과 상황에 맞게 다양한 경험을 선택하며 삶을 즐기는 특징이 있다.

3) 옴니보어의 사례

패션분야의 옴니보어 현상으로는 스트리트 패션과 하이엔드 패션이 결합된 콜라보로 나이키와 루이비통의 협업은 소비자들에게 새로운 스타일을 제시하였고, 자유롭게 자신의 스타일을 연출할 수 있도록 제안하였다. 식음료분야에서는 스타벅스의 비건 옵션을 추가한 다양한 메뉴를 추가하고, 글로벌 음식을 경험할 수 있는 메뉴의 확장, 직업적인 분야에서는 요리하는 현식 안과 의사, 복서로 활동하는 현직 소아과 여의사, 가수 겸 배우, 모델 등으로 활동하는 것, 개성과 취미 분야에서는 천억원 자산가인 60대의 다이소 쇼핑 매니아가 되어 휴일이면 다이소를 방문하는 취미를 가지는 것 또한 옴니보어의 한 사례라고 볼 수 있다.

Figure 32. 의사겸 복서(좌), **Figure 33.** 의사겸 요리사(우)

출처: 의사 서려경, 의사 임상진 SNS

2 #아보하

트렌드 코리아 2018의 키워드 중 하나인 '소확행'과 유사한 개념으로 '욜로'를 추구하는 마인드에서 비롯되었다. 이 단어는 트렌드 코리아 2025에서 소개된 신조어로 현대사회에서 중요시 되고 있는 새로운 라이프스타일 트렌드를 표현하기 위해 등장하였다.

1) 아보하의 개념

#아보하는 '아주 보통의 하루'의 단축말이며, 일상 속 작은 행복을 추구하는 소비트렌드로 대규모 성공보다는 작지만 확실한 만족을 찾는 소비자들을 의미한다. 아보하는 '앞으로어 케어(About Care)'의 의미를 담고 있으며, 개인과 사회 모두가 건강하고 지속가능한 방식으로 살아가기 위한 지향점과 개인의 에너지와 심리적 안정을 지키는 것, 삶의 다양한 영역에서 자원을 절약하고 불필요한 소비를 줄이는 방법 등도 여기에 포함된다.

2)특징

무리한 자기계발이 아닌 여유를 즐기며 심리적 안정을 찾는 것, 개인주의적인 삶이 아닌 공동체와의 연결로 가족, 친구, 이웃과의 조화를 중시하며 혼자보다는 공존하는 삶을 지향하는 것, 스마트폰, 인터넷 등 디지털 기기의 사용을 자제하고 실제 인간관계에 더 집중하는 것, 물질적 풍요로움보다 정신적인 풍요로움을 중요하게 생각하고 소유보다는 경험에 가치를 두는 것이다. 불필요한 소비와 복잡한 일상에서 벗어나 단순함을 추구하는 라이프스타일을 추구하는 심플한 삶과 미니멀리즘 추구현상이다.

3) 사례

(1) 로컬푸드의 소비: 지역에서 생산된 환경적 식재료를 활용하여 요리함으로써 환경에 기여하고 건강한 식생활을 유지하려는 습관

(2) 미니멀리즘 실천: 소유를 최소화하고 심플한 삶을 추구하며 불필요한 소비를 줄이는 라이프스타일

(3) 주말마다 디지털 디톡스: 주말에 휴대폰에서 벗어나 SNS와 이메일 확인을 중단하고 가족과 자연속에서 시간을 보내는 디지털 휴식을 의미

(4) 재사용 가능한 용품 사용

일회용품 사용을 피하고 텀블러, 장바구니 등 지속가능한 용품을 사용하여 환경에 대한 부담감을 줄이는 습관

(5) 지역사회 모임에 참여하기

지역에서 열리는 워크숍이나 봉사활동에 참여하여 지역과 유대감을 형성하고 지역발전에 기여하는 행동

(6) 자기관리 시간 갖기

매일 일정 시간을 할애하여 명상, 요가, 산책 등 정신적 안정을 얻을 수 있는 활동에 참여하여 심리적 안정을 도모

(7) 친환경 교통수단 이용하기

자가용 대신 대중교통, 자건거, 도보 등을 이용하여 이동함으로서 탄소발자국을 줄이기 위한 노력

(8) 친환경적인 소비 선택

지속 가능한 재료로 만든 제품을 구매하거나 공정무역 제품을 선택함으로써 윤리적 소비를 실천

(9) 텃밭 가꾸기

가정에서 텃밭을 가꾸고 과일과 채소를 재배하여 식재료를 자급자족하며 자연과 교감하는 활동을 함

(10) 업사이클

낡은 물건이나 불필요한 물건을 새롭게 재구성하여 재사용하는 업사이클링으로 자원절약을 실천함

출처:https://blog.naver.com/maerona61/223649980054

Figure 34. 루이바오 & 후이바오(좌), **Figure 35.** 당근마켓(우)
Figure 36. 텃밭 가꾸기 (좌), **Figure 37.** 넷플릭스(우)

출처: 용인에버랜드, 당근마켓, 넷플릭스

3 토핑경제

기성상품에 나만의 독창성을 덧붙이는 커스터마이징화가 되어 가고 있는 소비자가 늘어가고 있다. 어쩌면 토핑경제의 시작은 샌드위치 브랜드 '서브웨이'에서부터 시작했다고 해도 과언이 아니다. 토핑경제는 기존의 제품에 창의적인 아이디어를 추가하여 개인의 취향에 맞는 독특한 물건을 만들어내는 소비트렌드를 말하며, 상품 서비스의 본질적인 부분보다 추가적이거나 부수적인 요소인 '토핑'이 더욱 주목받아 새로운 경제를 효과를 창출

하는 시장의 변화를 토핑경제라고 한다. 이 트렌드의 배경에는 기존 제품을 그대로 사용하는 것보다 나만의 취향을 반영하고자 하는 MZ세대의 문화가 있다. 이는 각양각색의 취향을 SNS에 적극적으로 공유하고 남들과는 다른 나를 표출하고자 하는 Z세대의 특성이 반영된 것이다. 실제로 개인의 취향이 너무 달라 파편화됨을 의미하는 '나노 취향', 개인의 존재감과 캐릭터가 극대화되는 시대를 일컫는 '하이퍼 퍼스낼리티', 개인의 취향이나 필요에 따라 제품의 기능과 설정, 디자인 등을 변경하는 것을 뜻하는 '커스터마이싱' 등의 키워드가 최신 트렌드로 떠오르고 있다. 과거에는 맞춤 의상이나 구두, 악기 등에 머물던 커스터마이징 제품의 영역은 이제 먹거리에서부터 인테리어 소품, 패션, 의약품, 화장품 등에 이르기까지 생활 전반으로 확장되어 유행하고 있다.

요거트 아이스크림 전문점 '요하정'은 단순한 요거트 아이크림이 아니라 각자의 취향에 맞는 토핑을 추가하여 나만의 레시피로 만든 아이스크림으로 급부상하고 있으며, 자신만의 최애 조합 레시피를 SNS에 공유하는 것이 MZ세대들 간의 트렌드이다.

농심은 인기 모디슈머 레시피인 투움바 파스타에서 착아나한 신제품 '신라면 툼바' 봉지면을 출시하였고, SPC 베스킨라빈스는 키링브랜드 '모남희'와 협업하여 '미니 피규어 키링'을 매장에서 한정판매하고 있으며, 투썸플레이스는 영국의 대표적인 클레이 에니메이션 시리즈 '월레스와 그로밋'과 협업한 캐릭터 굿즈를 한정판으로 출시하고, 그로밋에게 다양한 의상을 입혀보는 '옷 입히기' 콘셉트의 인형 키링으로, 가방이나 파우치에 걸어 나만의 '백꾸(가방 꾸미기)'를 완성할 수 있다. 하나의 키링 세트에는 그로밋 키링과 의상 세트가 개별적으로 포장되어 있으며, 다른 세트에 포함된 의상들도 자유롭게 조합할 수 있는 점이 특징이다.

Figure 38. 디저트 요하정(좌), **Figure 39.** 신라면 툼바(우)
Figure 40. 배스킨라빈스+모남희 키링(좌), **Figure 41.** 투섬+윌레스와 그로밋 키링(우)

출처: 요하정, 농심, 베스킨라빈스, 투썸플레이스 홈페이지

4 페이스 테크

생성형 AI 만능시대를 맞아 앞으로는 사람의 감정을 읽고 대응하는 능력을 갖춘, 최대한 '인간적으로' 다가오는 기업과 상품이 선택받을 것이다. 무생물인 기계에 표정을 입히고, 사람의 얼굴과 표정을 정확하게 읽어내며, 사용자마다 각자의 얼굴을 만들어내는 기술인 '페이스테크(Face Tech) 시장이 급성장하고 있다. 활용사례로는 스마트폰의 얼굴인식 잠금해제를 비롯하여, 개인정보 피해로 이슈가 되었던 딥페이크, AI 프로그램으로 헤어컬러 및 메이크업 이미지 변경, 카드 없이도 얼굴인식만으로 편의점에서 결재, 현대자동차의 개인 감성인지기반 서비스 등이 있다.

Figure 42. 얼굴인식 스마트폰(좌), **Figure 43.** 스마트폰과 AI(중앙), **Figure 44.** 얼굴 인식 편의점 결제(우)

Figure 45. 키오스크 얼굴인식(좌), **Figure 46.** 딥페이크(중앙)
Figure 47. 감정기반 전기자동차 기능(우)

출처: 현대자동차

5 무해력

무해력은 'Do no Harm(해를 끼치지 말라)'는 개념과 연결되어 있고 이는 윤리적, 환경적, 사회적인 측면에서 모두 적용된다. 무해력이라는 단어는 단순히 아무런 해를 끼치지 않는다는 의미를 넘어 우리가 살아가는 일상 속에서 어떻게 하면 더 온화하고 서로에게 긍정적인 영향을 줄 수 있을지를 고민하는 자세로 주변의 타인, 환경, 그리고 자기 자신에게도 해를 끼치지 않고자 하는 태도를 의미한다. 이는 외부의 자극이나 스트레스 없이 무해하고 귀여우며 순수한 것들로서 굳이 반대하거나 비판할 생각이 들지 않는 것도 포함하며, 이러한 것들은 마음을 편안하게 하고 긍정적인 감정을 불러 일으켜 정신적인 안정과 행복을 제공한다. 특히 현대사회에서 복잡한 스트레스와 압박감 속에서 많은 사람들은 무해한 것들에 매력을 느끼게 되며, 이로 인해 소비자들은 일상 속에서 작은 것들로부터 위안을 얻고 소소한 행복을 중시하게 되는 것으로 무해력은 이제는 단순한 트렌드를 넘어 우리 삶의 질을 향상시키는 중요한 가치로 자리잡아 가고 있다.

무해력의 사례를 들어보면, 푸바오 신드롬, 루이 & 후이 아기판다의 귀여움, 미니어처의 인기, 힐링콘텐츠의 성장, 단순한 캐릭터의 유행, 환경보호를 위해 비밀봉지의 사용을 줄이는 것, 지구환경을 보호하고 지키기 위한 탄소배출을 줄이기 캠페인, 동물보호 등이 있다.

Figure 48. 루이바오 & 후이바오 판다(좌), **Figure 49.** 브리티시 숏헤어 고양이(중앙)
Figure 50. 웰시코기 강아지(우)

출처: 용인에버랜드

Figure 51. 던킨도너츠+포켓몬의 협업(좌), **Figure 52.** 던킨도너츠+포켓몬의 협업((우)
Figure 53. 던킨도너츠+BOBO의 협업((좌), **Figure 54.** 카카오프렌즈+먼작귀 캐릭터 협업(우),
출처: 던킨도너스, 카카오프렌즈

6 그라데이션K

현대의 한국사회는 단군의 자손, 단일민족, 단일문화의 개념이 서서히 열어지고 있다.그라데이션K는 한국문화의 정체성이 점진적으로 변화하는 현상을 설명하는 새로운 개념으로 이는 단순한 한국문화가 더 이상 단일문화가 아닌 다양한 문화가 융합되는 다문화 국가라는 것을 의미한다. K-팝, K-푸드, K-드라마, K-뷰티 등의 열풍 속에서 '진정으로 한국적인 것은 무엇인가?'에 대한 답은 찾기 쉽지 않고, 이제는 한국사회가 세계화와 로컬화가 서로 빠르게 공존하고 융합되면서 지금 K는 0과 1 사이에서 그라데이션이 진행중이다. 사례로는 K-팝으로는 방탄소년단(BTS), 블랙핑크 멤버, 로제와 브루노 마스의 콜라보 등의 글로벌 진출, K-푸드는 삼양라면의 불닭라면, 미국 정통 치킨 그룹(Kentucky Fried Chichen)의 KFC치킨을 Korea Fried Chicken으로 홍보하는 것, K-뷰티 분야에서는 이슬람 현지 원료와 K-뷰티의 기술을 융합한 센시언트 뷰티(SENSIENT BEAUTY)가 할랄 인증을 통해 이슬람 시장을 진출하여 한국의 글로벌화에 기여하고 있다.

Figure 55. BTS(방탄소년단(좌), **Figure 56.** 블랙핑크(중앙)
Figure 57. 블랙핑크 로제+브루노마스(우)

출처: BTS, 블랙핑크, 로제 SNS

Figure 58. KFC 치킨 치밥(좌), **Figure 59.** 삼양 불닭라면(중앙)
Figure 60. K-뷰티와 현지(이슬람)의 원료의 기술융합(SENSIENT BEAUTY(우)

출처: KFC, 삼양, SENSIENT BEAUTY

7 물성매력

물성이란 손에 잡히는 구체적이고 감각적인 요소로 우리가 만지고, 느끼고, 경험하는 물질적 특성 자체를 뜻한다. 하지만 단순히 물건의 형태나 질감을 넘어, 소비자가 제품이나 서비스를 체험하며 그 가치를 더 깊이 느낄 수 있도록 만드는 데 초점을 두며, 특정대상에 경험 가능한 물성을 부여함으로써 그 매력도를 높이는 힘을 의미한다. 예를들어 소비자가 제품을 사용하거나 만지는 것을 넘어 제품과 인간이 정서적으로 연결되어 있고 그 가치에 감동하도록 하는 것으로 '체감의 가치'를 강조한다. 즉 소비자가 직접 물건을 만지고 체험하고 경험하면서 얻는 감각적 경험이 브랜드의 매력도를 높이는 핵심요소가 되는 것이다.

물성매력의 사례로는 Apple의 패키징 디자인이 있는데 이는 애플 제품의 단순한 포장이 아니라 상자를 열 때 느껴지는 고급스러운 질감과 제품을 꺼낼 때의 부르더룽 흐름은 애플만의 브랜드 경험을 극대화 한다. 샤넬의 시그니처 패브릭은 브랜드를 대표하는 트위드 소재가 샤넬 브랜드의 정체성을 상징하며, 옷을 착용하는 순간 독특한 질감과 품질로 고객에게 특별함을 선사하고, 고급소재인 트위드가 즉 샤넬풍을 의미한다. 커피전문점의 머그컵은 스타벅스의 로고가 각인된 한정판을 출시하며 소비자들에게는 단순히 음료를 마시는 컵의 용도를 넘어 스타벅스의 감각적, 감정적 가치까지 느끼게 해준다.

Figure 61. 샤넬 트위드 소재(좌), **Figure 62.** Apple 폰(중앙)
Figure 63. 스타벅스 황동 머그컵(한정판)(우)

출처: 블랙핑크 제니, Apple, 스타벅스

8 기후감수성

전 세계는 지금 지구 온난화에 맞서기 위해 적극적인 기후행동을 실천하고 기업은 지속가능한 경영을 추구하며 사회는 기후복지 시대를 준비해야 한다는 의미로 오세훈 서울시장이 만든 기후동행카드가 '트렌드 코리아 2025'에서는 기후감수성으로 수록되었다. 기후의 변화는 산업화 이후 인간활동에 의해 발생한 온실가스 배출이 주요원인으로 지목되면서 그 영향을 어떻게 완화하고 적응할 수 있는지에 대한 본격적인 논의가 기후감수성에 대한 대책이다.

기후감수성의 특징은 높은 기후변화에 대한 인식도, 친환경 소비경향, 변화에 대한 적극적 대응, 기업의 지속가능성, 미래세대에 대한 책임감이 있다. 사례로는 비닐 소재 대신 에코백 사용, 친환경 교통수단(자건거, 도보, 대중교통 등)을 선택하여 탄소배출량을 줄이고, 전기와 가스를 절역하고 태양광 에너지와 같은 친환경 에너지 사용, 채식 및 플렉시테리언으로 육류 소비를 줄이고 채식 위주의 식습관 개선, 페트병 또는 의류를 재활용하거나 업사이클을 통해 새로운 제품을 만들어 쓰레기 배출을 줄이는 운동, 가급적이면 쓰레기를 줄이기 위해 포장지 없는 제품을 선택하는 제로 웨이스트 운동, 수입산보다는 지역에서 생산된 로컬푸드를 소비하자는 주의가 포함되었다.

Figure 64. 에코백(좌), **Figure 65.** 서울 따릉이(중앙), **Figure 66.** 풍력발전 에너지(우)

출처: APC, 서울시청

Figure 67. 채식주의(좌), **Figure 68.** 제로 웨이스트(중앙), **Figure 69.** 플라스틱 업사이클링(우)

출처: 서울시청

9 공진화 전략

공진화는 원래 생물학에서 유래한 개념으로 이제는 비즈니스 세계의 핵심전략으로도 급부상하고 있다. 공진은 함께 '공', 떨다, 진화하다의 '진'의 합성어로 '함께 진화하다'라는 뜻이다. 공진화 전략은 변화하는 외부환경에 대응하기 위해 서로 협력하거나 경쟁하는 과정에서 발전하는 전략을 의미로 함께 진동하고 서로 협력함으로써 에너지가 축적된다는 특징이 있다. 쉽게 풀이하면, 기업들이 서로의 강점을 활용하여 함께 진화하고 성장하는 협력모델을 의미하고, 과거의 '제로섬 게임' 경쟁방식에서 벗어나 상호 '윈-윈(Win-Win)을 추구하는 새로운 비즈니스의 패러다임이다. 사례로는 삼성전자의 IOT 기술과 현대자동차의 자동차 기술의 협약, IT 플랫폼 기업 네이버와 물류기업인 대한통운의 업무협약, 고객경험 1위 기업 Apple사와 AI 기술의 선두주자 오픈AI(Open AI)의 업무협약 등으로 상호 윈윈하고 시너지 효과를 창출할 수 있는 협력 비즈니스 모델을 구축하는 전략이 2025년 트렌드로 자리잡았다.

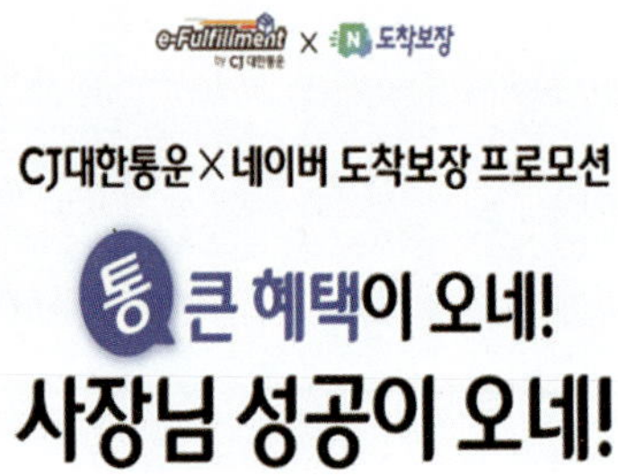

Figure 70. 현대 & 삼성 업무협약(좌), **Figure 71.** 대한통운+네이버 업무협약(중앙)
Figure 72. Apple+ Open AI 업무협약(우)

출처: 현대자동차, 대한통운, Apple

10 원포인트업

한 가지 목표에 집중하는 것으로 급격한 변화 대신 작은 변화를 통해 큰 성과를 이루려는 소비트렌드를 의미한다. 이는 트렌드 코리아 2025에서 올해는 자기계발을 핵심 키워드로 원포인트업(One Point Up)을 제시하였는데, 기존의 자기개발은 전면적인 개조나 완벽함을 추구하는 방식이었지만, 원포인트업은 자신에게 맞는 하나의 변화에 집중하여 성장을 이뤄내는 데 그 초점이 맞추어져 있다.

원포인트업(One Point Up)은 우리 삶의 특정한 한 부분에 1%의 변화를 더해 꾸준히 개선하고 성장하는 개념으로 이는 기존의 대대적인 변화보다는 자신에게 맞는 작은 목표를 설정하고 이를 달성함으로 써꾸준한 성취감을 누리는 방식을 지향한다. 즉 대규모 목표보다는 더 구체적이고 실현 가능한 작은 목표를 통해 일상에서의 작은 성취를 축적해 나가는 것이 원포인트업의 핵심이라고 할 수 있다.

원포인트업의 등장배경으로는 첫째, 지속가능한 변화에 대한 관심의 증가이다. 현대인은 짧은 시간 안에 성과를 내고자 하지만, 이는 종종지속 가능성을 고려하지 않은 방식이었다. 원포인트업은 꾸준히 실천 가능한 작은 변화를 통해지속 가능한 성장을 유도하며 오히려 장기적인 관점에서 큰 성취를 이룰 수 있도록 한다. 둘째, 작고 확실한 행복(소확행) 트렌드의 연장선이다. 소확행처럼 작은 즐거움을 중시하는 현대인들의 소비성향은 원포인트업의 등장배경과 연결된다. 이는 작지만 의미 있는 변화를 통해 꾸준히 행복과 성취를 느끼고자 하는 욕구를 반영하며, 복잡한 변화보다 더 손쉽게 접근할 수 있는 방식으로 자리잡고 있다. 셋째, 자기계발과 성공에 대한 새로운 인식이다. 과거에는 큰 변화를 통해 성공을 이루려는 경향이 많았지만, 현대에는 자기계발의 방식이 현실적이고 작은 성취 중심으로 바뀌었다. 즉 마이크로 성취(Micro Achievement)의 개념처럼, 작은 성공을 축적하여 더 큰 목표에 도달하려는 인식이 확산되면서 원포인트업은 새로운 자기계발 방식으로 부상하고 있다.

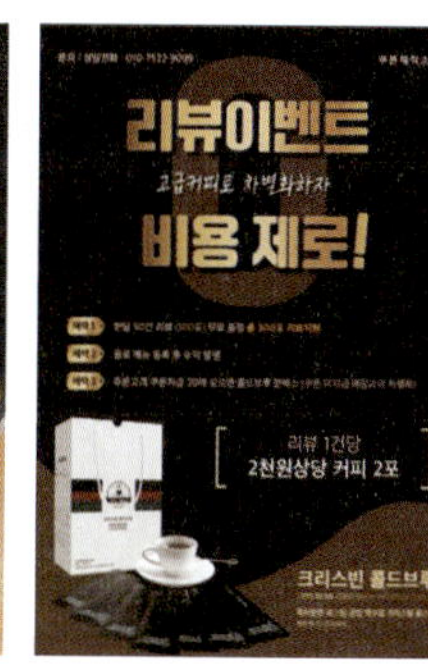

Figure 73. 자기개발, **Figure 74.** 원포인트업
Figure 75. Apple+ Open AI 업무협약(우)

출처: 쿠폰제작소

4. 패션아이콘(Fashion Icon)

1 패션아이콘의 종류

아이콘(Icon)의 사전적인 의미로는 특정한 사상, 생활방식 등의 상징으로 여겨지는 '우상'이며, 트렌드 아이콘은 트렌드와 아이콘의 합성어이다. 트렌드 아이콘은 트렌드 분야의 상징을 의미하는 것으로 대부분 디자이너, 스타일리스트 등의 코디감각이 대중스타의 패션아이콘이 되는 경우가 많다.

주로 디자이너와 스타일리스트의 역할은 과거의 패션 아이콘들의 스타일에서부터 트렌드를 선두할 영감을 얻어 새로운 스타일과 트렌드, 브랜드를 창출하게 되는데, 그래서 과거의 레트로를 이해하고 지난해부터 유행하고 있는 뉴트로(Newtro)로 발전시키게 된다. 이처럼 과거, 현재, 미래를 연결하는 패션아이콘의 유행이 트렌드가 되는 경우가 많은데 종류는 다음과 같다.

1) 마를리네 디트리히(Marlene Dietrich)

또렷한 이목구비와 아름다운 각선미, 트레이드 마크인 허스키 보이스로 남자뿐만 아니라 여자들의 마음도 사로잡은 '마를리네 디트리히'의 크로스 드레싱은 오묘한 섹시함과 동시에 중성적인 매력을 발산했다. 그녀의 대표적인 스타일인 '매니시 룩'은 남성복 디자인을 여성복에 적용하여 여성적인 감각을 표현한 스타일로 바지와 재킷, 타이, 셔츠 등에 액세서리를 매치하여 강인한 여성의 매력을 표현하면서 매니시룩의 시초가 되었다. 테일러드 수트나 소년스러운 헤어스일로 중성적인 아름다움을 표상하는 스타일로 당시 화제가 되기도 하였으며, 마를리네 디트리히의 패션은 바지의 보편화에 많은 영향을 주면서 당시 여성들의 자유와 당당함을 고취시키는 데에 중요한 역할을 하였다(Figure 12).

Figure 76. 마를리네 디트리히의 매니시룩

출처:https://blog.naver.com/meeeeyoooo/221897214855

2) 마릴린 먼로(Marilyn Monroe)

금발의 백치미가 매력적인 세계의 섹스 심벌 마릴린 먼로. 소녀 같은 목소리와 천진난만한 웃음, 그리고 육감적인 몸매로 베이글 스타의 원조라고 볼 수 있다. 주로 곡선이 살아있는 아름다운 몸매를 부각해 주는 글래머러스한 스타일로 패션아이콘이 되었고, 잘록한 허리선과 타이트한 라인으로 관능미를 연출한 뒤, 소재는 실크, 화려한 자수와 비비드 컬러를 더해 신비롭고 황홀한 아름다움을 연출하였다. 또한 우아한 매력의 전통적이고 여성적인 스타일링은 그녀를 표방해주는 상징이었으며, 그녀의 열정으로 화려하고 글래머러스한 스타일의 대중화가 이루어지면서 많은 디자이너과 패셔니스타들이 영감을 얻게 되었다.

Figure 77. 마릴린 먼로의 글래머 룩

출처:https://blog.naver.com/meeeeyoooo/221897214855

3) 오드리 햅번(Audrey Hepburn)

청순하고 귀여워 보이는 외면과 강인하고 뚜렷한 내면으로 많은 사람들의 빛나는 아이콘으로 남은 오드리 햅번은 배우로서도 완벽에 가까운 아름다움을 보여줬지만 은퇴 후 유니세프 친선대사로 활동하면서 인류애를 실천하는 모습은 그녀의 아름다움을 더욱 빛나게 해 준다.

오드리 햅번의 전성기 시절 스타일은 페미닌 그 자체였으며, 곡선인 어깨선, 볼륨감 있는 가슴, 가는 허리선 등 인체의 실루엣을 부각시켜 여성스러움을 극대화 했다. 페미닌한 스타일을 고급스럽고 우아하게 소화해낸 유일무이한 인물이기도 하다. 영화《티파니에서 아침을》에서 지방시가 디자인한 블랙 심플 드레스는 영원한 스타일의 아이콘으로서 햅번의 우아한 이미지를 구축하는 데 중요한 역할을 했다. 또한 오드리 햅번은 패션뿐만 아니라 전 인류적으로도 자신의 가치와 신념을 전파함으로써 유명인이 선한 영향력을 부여하는 것에 대한 중요성을 널리 부각시켰다.

Figure 78. 오드리 햅번의 페미닌 룩

출처:https://blog.naver.com/meeeeyoooo/221897214855

4) 트위기(Twiggy)

마릴린 먼로, 마를리네 디트리히 등 글래머 스타가 인기를 휩쓸던 시절 그와 정반대인 패션아이콘이 등장했다. 극단적으로 가느다란 몸매와 개성 넘치는 얼굴로 모든 여성들의 워너비 스타가 된 모델 트위기이다. 당시 디자이너 메리 퀀트의 미니스커트를 가장 핫한 아이템으로 만든 장본인이기도 하며, A라인 원피스와 낮은 굽의 플랫 슈즈, 컬러풀한 패턴 등의 소녀 감성의 실루엣이 트위기를 거치며 크게 유행했다. 헤어스타일은 보브 헤어, 패션스타일로는 미니스커트, 체인 벨트, 무늬가 들어간 스타킹 등의 유니크한 복장이 트위기 룩으로 불리며 60년대 모즈룩을 선두했다. 또한 트위기는 다채로운 패션 뿐만 아니라 다양한 포즈와 표정으로 많은 모델, 예술가들의 우상으로 상징되었다.

Figure 79. 트위기의 영국 모즈룩

출처:https://blog.naver.com/meeeeyoooo/221897214855

5) 제인 버킨(Jane Birkin)

자연스럽게 풀어 헤친 곱슬머리와 흰 셔츠, 청바지로 프렌치 시크의 대명사가 된 제인 버킨, 에르메스의'버킨 백'의 주인공이기도 하다. 제인 버킨의 패션아이콘인 프렌치 시크는 자연스러우면서 세련된 라이프 스타일을 즐기는 프랑스인들의 사고에서 차용된 것으로 미니멀하고 깔끔한 실루엣으로 대표적이다.

제인 버킨의 대표적인 아이템으로는 청바지, 흰티, 흰셔츠, 롱부츠, 밀집가방 등이 있으며, 과하지 않게 포인트를 주어 센스가 돋보이는 스타일링이 글래머러스하지 않아도 섹시하고 페미닌한 소재 없이도 사랑스러움을 연출할 수 있다. 제인 버킨의 패션은 당시 미니멀 스타일의 유행과 함께 트렌드의 폭을 넓혀 주었고, 시간이 흘러도 세련된 패션센스로 지금까지도 수많은 디자이너와 스타일리스트에게 중요한 영향을 주고 있다.

Figure 80. 제인 버킨의 프렌치 시크

출처:https://blog.naver.com/meeeeyoooo/221897214855

6) 데보라 해리(Deborah Harry)

데보라 해리는 세계적으로 큰 인기를 끌었던 펑크록 그룹 '블론디'의 리드보컬로 20세기 후반 가장 섹시하고 매력적인 팝스타이며 많은 남성들에게 인기를 얻었다. 아름다운 미모와 더불어 유니크한 목소리는 그녀의 매력을 더욱 업그레이드 시켜주었으며, 패션 센스까지 탁월했던 데보라 해리가 즐겨 입던 펑크룩은 1970년대 후반 런던 하위 계급층의 젊은이들 사이에서 반항적이고 공격적인 패션으로 유행하였다. 자켓 하단에 술을 단 디자인, 고무나 플라스틱 소재의 바지, 마이크로 미니스커트, 등 상징적 메시지가 프린트되거나 너덜너덜한 티셔츠 등이 시그니처 스타일이며, 헤어는 다양한 색상으로 염색하고, 거칠게 풀어 해치며 진한 라이너와 붉은 립으로 메이크업을 연출했다. 패션아이템으로는 검정 가죽 재킷, 찢어진 청바지, 속박과 과속을 상징하는 체인과 안전핀을 신체에 꽂는 등 파격적이고 과감한 표현을 통해 미래에 대한 불안, 현재에 대한 분노를 패션으로 표현했다. 이로 인해 데보라 해리는 패션계의 자유와 변화를 고취시켰고, 지금까지도 펑크룩을 지지하는 패셔니스타들에게 스타일적 방향점을 제시해 주는 역할을 하고 있다.

Figure 81. 데보라 해리의 펑크룩

출처:https://blog.naver.com/meeeeyoooo/221897214855

Memo

Chapter 04

트렌드 분석

1. 패션컬렉션의 이해
2. 패션사조
3. 컬러 트렌드
4. 패션 트렌드
5. 뷰티 트렌드
6. 메이크업 트렌드
7. 헤어 트렌드
8. 네일 트렌드

학습목표

1. 패션컬렉션과 패션사조에 대해서 학습한다
2. 컬러, 패션 트렌드에 대해서 학습한다.
3. 뷰티산업, 뷰티전반(메이크업, 헤어, 네일)트렌드에 대해서 학습한다.

BEAUTY TREND

트렌드를 분석한다는 것은 현재와 과거의 역사적 자료 또는 추세에 근거하여 다가올 미래사회의 변화와 모습을 투사하는 방법이다. 이는 일련의 데이터에 연장선을 긋는 방법으로 추세나 동향을 예측할 수 있으며, 이는 수학적, 통계적인 방법에 의해서 결정된다. 패션이나 뷰티분야에서 활동하는 발빠른 트렌드 세터들은 일상생활에서 트렌드를 찾아내고, 읽고, 분석하고 이를 바탕으로 하여 미래를 선도할 트렌드를 예측하고 이를 고객에게 상품으로 연결한다.

트렌드를 분석할 때는 항목과 시기에 따라 다르며, 첫 번째로는 당해의 유행컬러, 패션의 동향을 파악하는 트렌드, 소재의 동향을 파악하는 트렌드, 디자이너의 컬렉션과 어패럴과 텍스처 박람회의 분석과 마지막으로 소비자 구입 순으로 이어진다.

Table 유행색과 패션 트렌드의 정보 흐름

24개월 전	18개월 전	12개월 전	6개월 전	본 시즌
국제유행색협회 인터 컬러 결정	패션 유행컬러 및 패션 트렌드	소재 트렌드	디자이너 컬렉션과 어패럴 박람회	소비자 구입
	패션 컬러	소재정보(원사)	디자이너 컬렉션	
	CAUS (미국유행색협회) ICA(영국유행색협회) JAFCA(일본유행색협회) KOFCA(한국유행색협회)	Expofill(프랑스) Filati Filo(이탈리아) Pitti Lmagine		
	패션 트렌드	소재 정보(원단)	어패럴 박람회	

Carlin(프랑스) Here&There(미국) Nelly Rodi(프랑스) Pat Tunsky(미국) Percler(프랑스) Promostyl(프랑스) I Trend Unio(프랑스)	Idea Como(이탈리아) Idea Seoul(한국) Interstoff Asia(홍콩) Interstoff World(독일) Kyoto Stoff(일본) Moda in(이탈리아) Premiere Vision(프랑스) Pre-Tex(이탈리아) Seoul Stoff(한국) Tokyo Pretex(일본)	Hongkong Fashion week(중국) IGEDO(독일) Interselection (프랑스) Magic Show(미국) TFW(일본) 오사카 세계 패션 박람회(일본)
소재 정보		
CIM(프랑스모드 공업 조합) IIC(국제면화진흥회) IM(미국) IWS(국제양모사무국)		

1. 패션컬렉션의 이해

프랑스 파리의 오트 쿠튀르나 프레타 포르테의 컬렉션, 기타 각국의 유력한 상품(의료, 패브릭)의 견본시장, 일시적인 유행 등에서 볼 수 있는 지속적인 패션의 새로운 경향을 말한다.

패션 트렌드는 주로 패션컬렉션에서 평을 받는 디자이너의 작품들이 당해 핫이슈로 부각이 되면서 새로운 트렌드로 정착하게 된다. 따라서 패션 트렌드를 알아보기 전에 먼저 패션컬렉션이 무엇인지 파악하는 것이 중요하고, 그 전에 먼저 오트 쿠튀르(Haute-Couture)와 프레타 포르테(Pret-a-porter)의 의미를 파악하는 것이 좋다.

1 패션컬렉션의 개념과 특징

전 세계적으로 유명한 디자이너들의 작품제작 발표회로 특별한 주제 없이 여러 디자이너들의 패션쇼를 한 곳에 모았다는 의미에서 컬렉션으로 불리우고, 다른 표현으로는 패션위크(Fashion Week)라고도 한다. 주로 한 계절 앞서 개최하게 되는데, 새로운 견본의 전시를 통해 주문을 받는 데 목적이 있다. 전 세계적으로 가장 유명한 컬렉션은 파리, 밀라노, 뉴욕, 런던컬렉션이 있으며, 모험적인 디자인과 소재를 다루는 도쿄컬렉션과 한국의 서울컬렉션은 매년 3월과 10월에 개최된다.

a. 오트 쿠튀르(Haute-Couture)

오트 쿠튀르는 고급 의상점의 고급 주문복이란 뜻으로 1868년에 시작되었으며, 각 브랜드의 디자이너가 시즌에 앞서 고객을 위한 새로운 창작 의상을 발표하면 이것이 전 세계 유행의 방향을 결정하게 되었다. 이를 신작 모드 발표회로 의미하며, 주로 파리 컬렉션에서 주최되고 매년 1년에 2회가 개최된다.

b. 프레타 포르테(Pret-a-porter)

프레타 포르테란 '바로 입을 수 있도록 준비된'이라는 의미로서 복식 용어로는 고급 기성복을 의미한다. 작품가는 고가이며 창의성과 작품성이 농후한 고급 수제 옷과는 달리 트렌드를 발 빠르게 적용하여 모든 사람들이 대중적으로 입을 수 있는 옷이다. 프레타 포르테는 이를 대량 생산하는 새로운 판로를 개척하는 것으로 산업과 패션을 상호 연결시키는 중요한 매개체 역할을 하게 된다.

2 패션컬렉션의 종류

전 세계적으로 유명하고 권위 있는 패션컬렉션은 파리, 밀라노, 뉴욕, 런던, 도쿄 컬렉션을 4대 컬렉션이라고 하며, 각 컬렉션 마다 특징이 있고, 참여하는 디자이너도 해마다 차이가 있다. 매해마다 팬톤에서 선정한 유행컬러가 컬렉션에 그대로 반영되며, 디자이너들이 표현하고자 하는 브랜드 고유의 특징과 자신만의 독특한 개성을 작품에 반영하여 디자인을 선보인다. 세계 4대 패션 컬렉션은 행사 오픈 시기와 주최 기간 및 특성이 다르며 세부적인 내용을 다음과 같이 정리하였다(Table 3).

Table 세계 4대 패션 컬렉션

컬렉션	시작 및 주최	개최일시	기간	대표 브랜드
대중성과 실용성 뉴욕 컬렉션	1943년 미국 패션디자이너협회	9월: S/S 2월: F/W	7~9일간	폴로 랄프로렌, DKNY 캘빈클라인 등
혁신적인 디자인 런던 컬렉션	1984년 영국패션협회	9월: S/S 2월: F/W	7일간	비비안웨스트우드, 폴스미스, 버버리 등
섬유산업을 바탕으로 한 밀라노 컬렉션	1958년 국립 이탈리아 패션 회의& 카메라 나치 오날리 델라 모다 이탈리아나	9월: S/S 2월: F/W	7일간	돌체&가바나, 구찌, 베르사체, 프라다 등
예술적인 디자인 파리 컬렉션	1868년 파리의상조합	10월: S/S 4월: F/W	2주간	크리스찬 디올, 샤넬, 루이비통 등

a. 파리 컬렉션

파리컬렉션은 파리에서 해마다 개최되는 소수의 맞춤복 위주의 오트 쿠튀르 컬렉션과 흔히 대량생산이 가능한 위주의 프레타 포르테 컬렉션을 일컫는 말이다. 오트 쿠튀르는 주로 봄과 여름용(S/S)의 패션은 1월 말부터 2월에 걸쳐서 열리고, 가을과 겨울용(F/W)은 7월 말에서 8월에 개최된다. 프레타 포르테의 경우는 주로 가을과 겨울용(F/W)은 봄의 시기에 접어든 4월에 개최되고, 여름용은 선선한 가을을 맞이하는 10월에 개최된다. 밀라노, 런던, 뉴욕 컬렉션은 세계적으로 유명한 패션 유행의 중심 국가에서 개최되기도 하지만, 이는 컬렉션 중에서도 가장 규모와 전통을 자랑하고 있으며 인지도가 높다.

파리컬렉션은 다른 컬렉션에 비해 디자이너의 독창성과 감수성, 예술성이 돋보이거나 독보적인 디자인이 주를 이루고 있으며, 트렌드를 제안하는 경향이 높다. 처음에는 오트 쿠튀르와 프레타 포르테 컬렉션의 디자이너들이 구별되었으나, 1980년대 이후부터는 오트 쿠튀르 디자이너들이 대부분 프레타 포르테에도 참가하고 있으며, 대표 디자이너로는 샤넬, 디올, 발렌시아가, 돌체앤가바나, 발렌티노 등이 있다. 이번 파리 패션콜렉션에서 바이어가 뽑은 7가지 트렌드는 다음과 같다.

출처: https://www.vogue.co.kr/2025/01/29/2025%EB%85%84-%EB%B4%84%C2%B7%EC%97%AC%EB%A6%84%EC%9D%84-%EC%A7%80%EB%B0%B0%ED%95%A0-%ED%8C%A8%EC%85%98-%ED%8A%B8%EB%A0%8C%EB%93%9C-15/?utm_source=naver&utm_medium=partnership www.vogue.co.kr. 2025. 1. 29.자 기사. 2025년 봄.여름을 지배할 패션트렌드 15.

▣ 파리 패션컬렉션 2025 S/S 빅 트렌드 7

1. 란제리 룩
2. 시스루 패브릭
3. 파스텔 컬러
4. 보헤미안 스타일
5. 플로럴 패턴
6. 파워 테일러링
7. 조각 같은 볼륨감

Figure 1. 2025 S/S 파리컬렉션(발렌시아가/디올/짐머만/생로랑)

출처: https://www.wwdkorea.com

Figure 2. 2025 S/S 파리컬렉션(로에베/스텔라 매카트니/꼼데가르송)

출처: https://www.wwdkorea.com

b. 밀라노 컬렉션

밀라노 컬렉션은 이탈리아 밀라노에서 해마다 2회씩 개최되는 패션 컬렉션으로 고급스러운 소재와 우아함, 세련된 디자인 출시가 밀라노만의 특성이다. 파리 컬렉션과 비교했을 때 페브릭이나 디자인적인 면에서 상위층을 겨냥한 고품질, 고퀄리티를 추구하는 컬렉션이다.

밀라노 컬렉션은 제품 제작 시 장인정신이 투철하며, 착용이 가능한 실용적인 측면에 기준을 두어 실질적인 구매는 파리컬렉션보다는 밀라노에서 더 활발하게 이루어지고 있다.

오랜 기간 파리모드의 생산 및 기술력을 갖추고 있었던 밀라노는 1975년 미니멀리즘을 추구하는 조르지오 알마니, 지아니 베르사체 등의 유명한 디자이너들이 등장한 이후부터 더욱 더 유명한 컬렉션으로 인정되었다. 패션컬렉션의 개최 시기는 3월과 10월에 여성복 컬렉션이 개최되고 7월과 1월에 남성복 컬렉션이 열리고 있다. 본 컬렉션에 참여하는 대표 브랜드로는 구찌, 펜디, 보네카 베네타, 막스마라, 돌체앤가바나, 프라다, 페라가모, 질샌더 등이다.

밀라노 패션컬렉션에서 디자이너들이 제안한 2025 S/S 빅 트렌드 10가지이며 미니멀리즘과 클래식이 전체적인 무드를 지배하고 조용한 럭셔리로 불리는'콰이어트 럭셔리(Quite Luxury) 또는 올드 머니룩(Old Money Look)이 여전히 인기를 이어가고 있다. 전체적으로 섬세하고 절제된 무드의 시대를 초월한 클래식한 패션스타일이 여전히 강세를 보이고 있다.

▣ 밀라노 패션컬렉션 2025 S/S 빅 트렌드 10

1. 미니멀리즘! 시대를 초월한 조용한 럭셔리룩
2. 길게 더 길게! 바닥을 휩쓴 맥시 트렌치코트룩
3. 역동적인 보헤미안 프린지룩
4. 구깃구깃 소재의 멋
5. 사이키델릭 꽃무늬
6. 로맨틱한 발레코어룩
7. 반짝반짝 메탈릭 실버룩
8. 관능과 고급미를 동시에! 시스루 패션
9. 레이어드의 기술, 팬츠 더하기 원피스
10. 상의를 대체하는 브라탑

Figure 3. 2025 S/S 밀라노(펜디/막스마라/돌체앤가바나/페라가모/질샌더)

출처: https://www.eyesmag.com, https://www.fashionn.com

현대인의 웰빙 추구현상으로 스포츠와 헬스케어가 반영되는 시대의 흐름처럼 올림픽이 펼쳐졌던 2024년과 같은 열광적인 스포츠맨십은 사그라들고, 2025년에는 발레 같은 좀 더 우아한 예술적 운동이 그 자리를 차지한다.

Figure 4. 2025 S/S 밀라노(페라가모/질샌더/톰포드/페라가모/막스마라)

출처: https://www.eyesmag.com, https://www.fashionn.com

c. 뉴욕 컬렉션

미국은 실용 패션의 산업화에 주최가 되는 나라로 라스베이거스나 텍사스에서 열리는 패션쇼는 유통에 집중하여 상업적인 마케팅을 하는 반면, 뉴욕 컬렉션은 미국 고유의 특징을 트렌드를 제시하고 세계화하려는 의도가 있다.

뉴욕 컬렉션은 전통적인 아메리칸 캐주얼의 재해석을 통해 새로운 스타일을 제시한 컬렉션이 대부분이며, 대표적인 참여 브랜드로는 캐롤리나 헬레나, 마이클코어스, 아크나바스, 토리버치, 캘빈클라인, 도나카렌, 폴로 랄프로렌 등이 있다. 이는 파리, 런던, 밀라노 컬렉션과 함께 세계 4대 패션 위크 중 하나로 개최 시기는 매년 2월과 9월 7~9일 동안 개최된다.

이번 밀라노 SS 패션컬렉션을 살펴보면 10가지의 빅 트렌드가 눈에 띄게 부각되었다.

▣ 뉴욕컬렉션 2025 S/S 빅 트렌드 10

1. 올 아메리카나
2. 비칠듯 말듯! 끝나지 않는 시스루의 마법
3. 미니밀과 만난 역동적인 프린지룩
4. 비대칭의 미학! 우아한 언바란스 커팅
5. 순수와 관능 사이! 글래머러스 화이트룩
6. 창의적인 드레이핑 네크라인
7. 돌아온 페플럼 실루엣
8. 상의실종! 겉옷 대신 브라탑
9. 가죽 테일러링과 가죽의 결합
10. 팬츠 더하기 원피스! 탐나는 레이어드 기술

Figure 5. 2025 S/S 뉴욕(랄프로렌/오프 화이트/프로발 규렁/알라이아/마이클 코어스)

출처: https://www.fashionn.com

Figure 6. 2025 S/S 뉴욕(케이트/나누슈카/마이클 코어스/코치/브랜돈 맥스웰)

출처: https://www.fashionn.com

d. 런던 컬렉션

1984년에 시작된 컬렉션으로 세계 4대 패션 컬렉션 중 하나이다. 개최 시기는 뉴욕 컬렉션에 이어 두 번째이며, 여성복 S/S 쇼는 9월, F/W 쇼는 2월, 남성복의 S/S 쇼는 6월, F/W 쇼는 1월에 런던에서부터 디자인 작품을 선보이기 시작된다.

런던 컬렉션은 런던 특유의 하위문화와 스트릿 패션에서 영감을 받아 파괴적이고 반항적이면서도 젊은 감각과 개성을 기반으로 한 스타일이 특징이다. 해마다 2회 일주일 정도에 걸쳐 런던에서 개최되는 패션쇼로 파리나 뉴욕, 밀라노 컬렉션에 비하여 출시되는 디자인이 실험적이라는 평가를 받고 있다.

런던 컬렉션은 영국 패션 협회(British Fashion Council)가 주축으로 진행되며 산업에 초점을 맞춘 패션쇼와 전시가 특징이다. 대표적인 참여 브랜드는 비비안 웨스트우드(Vivienne Westwood), 폴 스미스(Paul Smith), 버버리 등이 있다.

▣ 런던 패션컬렉션 2025 S/S 빅 트렌드 10

1. 크롭 열풍! 트렌치 코트도 짧게
2. 반바지 정장, 버뮤다 수트
3. 내안에 소녀! 발레코어룩
4. 꽃무늬를 입자! 만개한 플로럴 프린트룩
5. 두둥실! 둥글게 부푼 버블 헴
6. 화려한 넥라인, 스테이트먼트 칼라
7. 아슬아슬 울트라 로우 네크라인(네크라인의 화려함)
8. 우아한 드레이핑
9. 화려한 외출복, 겉옷으로 입는 브라렛
10. 일상룩으로 침투한 시스루

Figure 7. 2025 S/S 런던(버버리/에밀라 윅스테드/JW 앤더슨/리차드 퀸/JW 앤더슨)

출처: https://www.fashionn.com

Figure 8. 2025 S/S 런던(리차드 퀸/페벤/쳇 로/시몬 로샤/시몬 로샤)

출처: https://www.fashionn.com

2. 패션사조

패션사조는 예술사조라고도 하며 패션디자인 연출에 적용하는 패션스타일이라고 볼 수 있다. 패션의 동향을 의미하는 것으로 소유보다는 경험, 현상 유지보다는 변화, 필요보다는 취향을 지향하는 것처럼 현대인들의 니즈(needs)는 급변하고 있다. 패션업계에서는 이미 오래 전부터 '패스트 패션' 트렌드가 대중에게 깊이 파고들었지만 트렌드를 주도하는 방식은 여러 가지가 있고, 디자이너의 개성과 감성, 해마다 개최되는 패션컬렉션에서 다양한 패션사조가 부각되기도 한다. 유행이라는 것을 '돌고 돌아 또 다시 돌아오는 것'이기에 다양한 패션사조를 이해하는 것은 패션디자인을 이해하는 데 도움이 된다.

1 클래식(Classic)

‘고전’이란 뜻으로 ‘옛날에 만든 작품인데 오랜 시간이 흘러도 현재까지 높이 평가받고 있는 예술작품’을 클래식이라고 한다. 패션에서의 클래식은 과거와 현재까지 지속적으로 인기를 얻고 있는 디자인을 의미한다.

클래식 이미지에는 소박한 베이직 스타일과 클래식 스타일의 두 가지 종류가 있다. 기본적인 스타일로서, 평범하고 편해 보이는 스웨터, 적정 폭의 타이트한 스커트, 재킷, 격식 있는 자리에서 입는 테일러드 수트와 봄과 가을 간절기에 주로 입는 트렌치코트, 남녀노소 모두 즐겨 입는 청바지 등이 클래식 아이템에 해당한다. 또한 클래식 스타일은 유행에 많은 영향을 받지 않으면서 최고급을 지향하는 스타일로서 명품 패션 이미지의 대표적인 샤넬 슈트와 같은 진품의 정장 차림인 오센틱 드레싱, 프레피룩, 리치룩 등이 있다.

클래식 이미지를 표현하는 패션분야의 대표적 디자이너는 티에리 에르메스, 폴 스미스, 가브리엘 샤넬, 니콜라 트루사르디, 이브 생 로랑, 조르지오 아르마니 등이 있으며, 한국 패션디자이너로는 하용수, 김태각 등이 이에 해당된다.

클래식이라는 용어는 패션 및 뷰티에만 사용되는 것이 아니라 음악의 종류, 와인 용어에서는 우수하고 품질이 좋은 의미로 사용되기도 하며, 기타 산업분야에서도 클래식의 이미지는 꾸준히 인기를 얻고 있다.

Figure 9. 클래식 패션

출처: https://www.pinterest.co.kr

Figure 10. 클래식 메이크업

출처: https://www.pinterest.co.kr/pin/687150855631134014/

클래식 메이크업(Class make-up)은 피부표현은 흰 피부로 표현하고 입술은 붉은 입술, 치크는 발그스레한 볼로 표현하는 메이크업을 말한다. 이는 깨끗하고 안정된 피부색 표현에 포인트 메이크업이 강렬하거나 튀지 않고 고급스러우며 지적인 분위기를 연출한다. 눈썹은 얼굴 라인이 곡선인 점과 여성스러움을 표현하는 곡선형으로 그리며, 컬러감은 진하거나 강하지 않은 부드러운 색상을 사용하여 성숙한 여성미를 표현한다. 메이크업이 포인트가 되므로 헤어스타일은 고전적이고 전통적인 분위기로 품격을 표현하는 업스타일이나 유행을 타지 않는 C 컬의 짧은 단발머리가 클래식한 이미지를 더해준다.

2 로맨틱(Romantic)

예술사적으로 '고전적'에 대응하는 개념이다. '고전적'이란 말이 고대적 작풍(作風)을 지향하는 데 반하여, '낭만적'이란 말은 오히려 중세적인 것을 지향한다. 낭만이란 말은 중세 로마어로 쓰여진 공상적 · 모험적 · 정감적인 기사 이야기를 가리키는 Romance에서 유래한다. 로맨틱 컬러의 감성적 이미지는 러블리한 소녀감성으로 색조는 페일톤, 라이트톤, 라이트 그레이시톤 등으로 연하고 부드러운 색상이다. 색명으로는 분홍, 등꽃, 복숭아 색상으로 파스텔 계통의 색조를 사용한 낭만적인 색채 계획이며 온화하고 부드러운 느낌으로 명도 차이가 없는 배색은 연약한 느낌이 표현된다. 명도 차이가 있으면 약동적인 느낌이 생기며, 명도가 낮은 색을 강조색으로 사용하면 배색에 긴장감을 부여하게 된다.

Figure 11. 로맨틱한 컬러 이미지

출처: https://www.pinterest.co.kr/pin/687150855631134014/

Figure 12. 로맨틱 패션 이미지

출처: https://www.pinterest.co.kr

로맨틱을 표현하는 패션 장식으로는 러플, 프릴, 꽃, 리본, 주름, 비즈, 진주, 반짝이는 소재 등이 사랑스럽고 여성스러움을 표현하는 대표적인 오브제이며, 실루엣은 허리를 강조하여 여성스러움을 표현하거나 여리여리한 소녀 감성을 연출하는 실루엣이 대표적이다.

로맨틱한 헤어 이미지로는 직선보다는 웨이브, 블랙 헤어컬러보다는 부드러운 헤어컬러, 꽃 장식, 비즈장식, 꼬거나 땋는 이미지, 내추럴한 업스타일 이미지, 여성스러운 포니테일 등이 로맨틱한 이미지를 잘 표현해준다.

Figure 13. 로맨틱 뷰티 이미지

출처: https://www.pinterest.co.kr

3 아방가르드(Avant-garde)

아방가르드는 프랑스어로 '전위'를 의미하며 군사용어로 사용되었다. 아방가르드의 의미는 전쟁 시 선발대로 먼저 나가 적의 동태를 파악하는 척후병을 뜻하며, 이 용어가 예술적인 의미로 사용될 때는 과거에 존재하지 않았던 도전적이고 혁신적인 디자인을 의미한다. 아방가르드 예술은 20세기 초 미국, 유럽 프랑스 등의 유럽국가에서 일어난 예술운동으로 현존하는 예술에 대한 가치를 근절하고 보다 개혁적이고 파격적인 신 예술을 추구하는 것이다.

Figure 14. 아방가르드 이미지

출처: https://www.pinterest.co.kr

패션분야에서의 아방가르드의 이미지는 몇 가지 예를 들면 다음과 같다. 첫째, 예능인의 스테이지 코스튬에서 볼 수 있는 것처럼 기발한 패션, 둘째, 패션쇼 등에서 발표되는 작품으로 저널리스틱한 화제를 겨냥한 소위 보이기 위한 아이템, 셋째, 조형예술의 하나라는 입장에서 발표되는 것으로, 의복의 기성 개념을 혁신한 작품 이미지, 넷째, 지극히 초기의 소수 사람들에게 공유되는 것으로서 톱 패션을 아방가르드 패션이라고 할 수 있다.

패션디자인에서는 차별화되면서 혁신적인 디자인, 독특한 오브제, 기존 베이직한 디자인에서 탈피한 과감한 디자인 선, 강렬한 컬러감, 디자인의 변화 등이 이에 해당된다. 예를 들면 과장되고 과도한 어깨 라인, 평범하지 않은 소재, 기하학적인 디자인과 오브제 등이 아방가르드한 이미지를 더욱 더 잘 표현해준다.

Figure 15. 아방가르드 패션 이미지

출처: https://www.pinterest.co.kr/pin/771593348635811089/https://www.pinterest.co.kr/pin/779545016720122215/

뷰티분야에서의 아방가르드 메이크업 이미지는 기존 피부톤보다 지나치게 창백한 베이스 메이크업, 베이직한 눈썹모양의 기하학적인 변신, 획기적인 컬러감의 사용, 뷰티메이크업보다는 판타지나 특수메이크업 등이 이에 해당된다.

Figure 16. 아방가르드 뷰티 이미지

출처: https://www.pinterest.co.kr

4 에스닉(Ethnic)

에스닉의 사전적인 의미는 '민족적인', '이교도의' 등의 뜻으로 특히 아프리카, 중동과 남미, 중앙 아시아와 몽고 지역에 유행한 패션스타일을 의미한다. 에스닉은 주로 민족 의상의 대표적인 사례인 에스닉한 문양, 기하학적인 문양, 수공예적 디테일 등을 넣어 도시생활에서 활력을 찾고자 하는 것으로 민속성을 표방하는 것은 포클로어와 같으며, 그중에서도 에스닉은 기독교권 이외의 지역에 한정된다. 에스닉의 전통의상으로는 중근동의 종교적인 의상, 잉카의 기하학적 문양, 인도네시아의 파틱크, 인도의 사리 등이며 이는 추후 에스닉의 대표적 디자인의 원천이 되었다.

패션에서의 에스닉 이미지는 민속적이고 토속적인 이미지를 주는 컬러감, 자연을 모티브로 한 문양, 격자 무늬, 컬러감이 돋보이는 기하학적인 무늬, 보색대비를 활용한 컬러풀한 색감 등이 이에 해당된다.

Figure 17. 에스닉 패션 이미지

출처: https://www.pinterest.co.kr

에스닉한 메이크업 이미지로는 피부표현은 본인 피부톤보다 어둡게 내추럴한 브라운으로 표현하거나 이국적인 이미지를 느낄 수 있고 풍요로움을 추구하는 스타일이다. 다양한 인종의 개성을 부각하면서 중국과 일본 등의 동남아 국가와, 인디언의 전통성을 살려 신비롭고 강한 색채를 사용하는 메이크업으로 특정 종족이나 부족 등을 상징하는 문양 등을 얼굴에 표현하여 토속적인 이미지를 연출한다.

Figure 18. 에스닉 뷰티 이미지

출처: https://www.pinterest.co.kr, https://blog.naver.com/daegudodo/220343183496, https://blog.naver.com/wwkd1118/220157354758

지속적으로 유행을 반복한 헤어 아이템은 컬러풀한 반다나, 에스닉한 이미지를 연출하는 깃털, 토속적인 이미지를 표현하는 레게머리 등이 대표적인 에스닉 헤어이미지이다.

5 아르누보(Art nouveau)

새로운 예술을 뜻하는 아르누보는 19세기 프랑스에서부터 시작되었으며, 1890년~1910년 사이 유럽 각지와 미국, 남미에 이르기까지 국제적으로 유행했던 양식이다. 흔히 아르누보는 덩굴식물 모티프와 구불구불하고 유연한 선으로 장식된 철제 난간, 섬세한 꽃무늬의 반복적인 패턴, 긴 실루엣의 여인 이미지 등을 표현했으며, 주된 이미지는 여성스러움이다.

아르누보 양식은 미술 19세기 말기에서 20세기 초기에 걸쳐 프랑스에서 유행한 건축, 공예, 회화 따위 예술의 새로운 양식이며, 아르누보 용어의 유래는 독일 태생의 화상 지크프리트 빙이 1895년 파리에 문을 연 '메종 드 아르누보'라는 화랑의 이름에서 유래되었다.

Figure 19. 아르누보 이미지

산업 및 건축분야의 아르누보 이미지도 아름다운 곡선으로 장식된 철제로 제작된 문, 선형의 의자, 우아한 조명 등에 유연한 곡선과 아르누보의 대표적인 문양 등이 섬세하게 연출되었다.

Figure 20. 산업분야에 표현된 아르누보 이미지

출처:https://www.safecorea.com/shop/item.php?it_id=1542085348

https://www.turbosquid.com/ko/3d-models/art-nouveau-style-chair-model-1289475

뷰티 이미지에 표현된 아르누보는 우아함, 여성스러움, 엘레강스가 기본이며, 이는 사랑스럽고 로맨틱한 소녀 감성의 로맨틱과의 차이점이다. 헤어 이미지로는 우아한 업스타일, 내림 업스타일, 현대의 웨이브를 강조한 세팅펌 등이 대표적인 아르누보를 표현한 이미지이다.

Figure 21. 뷰티 이미지에 표현된 아르누보

출처: https://www.pinterest.co.kr

6 미니멀리즘(Minimalism)

미니멀리즘의 사전적인 의미로는 '최소의, 극미의'라는 뜻의 '미니멀(minimal)'을 반영한 이 용어는 1960년대부터 쓰이기 시작했다. 이는 심플함과 단순함을 추구하는 예술경향을 의미하며, 제2차 세계대전을 전후하여 예술 및 시각적인 산업분야에서 나타나 추후 음악과 건축, 패션스타일 등의 다양한 영역으로 확대되었다.

미니멀리즘의 특성을 활용한 상업제품으로는 2012년에 출시된 프라다폰이 있으며, 이는 기존 폴더 폰에 대한 혁명으로 버튼이나 모든 기능이 내장되어 미니멀리즘의 특성이 잘 표현되었다. 미니멀리즘에 대한 관련 키워드로는 미니멀아트, 캘빈클라인, 프라다, 질샌더, 프랭크 스텔라, 막스마라 등과 한국의 현대조각, 1990년대 스타일, 미니멀 시어터 등이 있다.

Figure 22. 미니멀리즘을 표현한 제품(도널드 저드의 조각(1962년), 프라다폰(2008)

출처: https://namu.wiki/w/%EB%AF%B8%EB%8B%88%EB%A9%80%EB%A6%AC%EC%A6%98, https://blog.naver.com/worth_lee/221865180323

미리멀리즘의 특성은 최소한의 장식과 컬러를 활용하여 패션, 뷰티, 산업전반에 심플하고 깔끔한 이미지를 연출하였다.

Figure 23. 현대산업에 표현된 미니멀리즘

출처: https://www.pinterest.co.kr/pin/611504455629101370/

미니멀리즘의 특성을 반영한 패션은 실루엣의 단순화, 컬러 사용의 절제미, 최소한의 디자인이 접목되어 최대한 심플한 이미지를 표현하는 것에 의미를 두었다.

Figure 24. 미니멀리즘 패션

출처:https://www.pinterest.co.kr/pin/611504455629101370/, media2. onsugar.com, https://theqoo.net/square/1189106940, http://stylem.mt.co.kr/stylemView.php?no=2020022611015738357&pDepth1=FASHION&pDepth2=SM201

미니멀리즘의 특성을 반영한 헤어스타일은 커트의 길이감이 동일한 원랭스 스타일, 긴 머리보다는 짧은 머리인 쇼커트, 짧은 단발, 컬러감 또한 블랙 또는 원 컬러의 헤어이미지 등으로 최대한 심플하고 깔끔한 이미지를 연출하였다.

Figure 25. 미니멀리즘을 활용한 뷰티이미지

출처: https://www.pinterest.co.kr, 고준희 sns계정, 서인영 sns계정

7 맥시멀리즘(Maximalism)

맥시멀리즘은 최소한을 추구하는 미니멀리즘의 반대 사조이며, '최대한', '최대한의' 뜻인 맥시멀(Maximal)과 이즘(Ism)의 합성어로 과도하거나 극단적인 것을 추구하는 예술 경향이다. 패션 분야에서는 화려한 색상 및 과도한 장식, 부피를 과장되게 늘리는 것으로 표현되며, 장식을 최소화하고 블랙과 화이트의 두 컬러가 주를 이루는 미니멀리즘과 대조되는 패션사조이다.

맥시멀리즘의 스타일링은 장식 요소가 많고, 화려한 패턴과 프린트가 돋보이는 것이 특징이며, 특히 몽환적인 분위기가 물씬 드는 에스닉한 패턴과 남미, 아프리카 등의 특유 문양들이 주를 이룬다. 맥시멀리즘의 대표적인 패션디자이너로는 아밀리오 푸치, 발렌티노, 안나수이 등이 이에 해당된다.

Figure 26. 미니멀리즘과 맥시멀리즘 패션 비교
출처: http://stylem.mt.co.kr/stylemView.php?no=2014021817093920120&type=1

3. 컬러 트렌드

컬러 트렌드는 유행을 주도하는 정보 중에서 가장 먼저 변화가 부각되는 트렌드이다. 패션과 뷰티는 컬러와 직접적인 연관이 있기에, 당해 유행할 컬러 예측에 항상 주의 집중해야 한다.

패션 트렌드의 변화 움직임 중에서 가장 먼저 발표되는 것이 24개월 전에 나타나는 색채 트렌드이다. 색채 트렌드는 프랑스 파리에 소재의 국제유행컬러협회(International Color Association)에 의해 앞으로 유행할 컬러가 시즌별로 제시되고, 전 세계적으로 이를 토대로 하여 각 산업에 반영한다.

컬러 트렌드의 1년 전에 소재 트렌드가 먼저 선정이 되고, 이 트렌드는 보통 의류직물박람회(Premiere Vision)등의 전시회와 연결된다. 소재는 패션 트렌드를 결정짓는 요소의 일원이며 색채와 더불어 중요하게 인식되고 있다. 패션상품은 소재의 사용방법에 따라 브랜드의 퀄리티와 차별화를 기하고 있으며, 이는 경쟁력으로 직결된다. 소재 트렌드 다음으로는 해당 시즌 6개월 전에 발표되는 스타일 트렌드이다. 이 트렌드는 패션의 중심지이고 4대 컬렉션이 개최되는 세계적인 패션 디자이너, 바이어, 언론기관을 대상으로 한 패션위크와 박람회를 통해 제안되고 있으며, 이는 곧 패션 트렌드에 중요한 역할을 한다.

당해의 컬러 트렌드 분석은 앞으로 컬러분야에서 유행할 색의 방향이나 추세를 예측하는 정보를 의미한다. 해마다 계절이나 계층에 따라 유행하는 색이 다르며, 각 산업분야에 따라 차이가 있다. 미국의 컬러 트렌드 회사(1963년) 팬톤(Pantone)에서 그해 유행할 컬러에 대해서 최소 24개월 전에 유행할 컬러에 대해서 발표하게 된다. 발표기준은 천만 명 이상의 디자이너와 브랜드 오너(CEO)가 상호협의 하에 유행컬러를 선정하게 되고, 선정된 컬러는 패션, 뷰티, 인테리어 등 여러 가지 산업전반에서 각자의 이미지와 용도에 맞게 다양하게 활용된다.

▣ 2025 팬톤 선정 대표 컬러 모카 무스(Mocha Mouse)

2025년에 팬톤색채연구소가 선정하여 발표한 대표 트렌드 컬러는 모카 무스(Mocha Mouse)이다. 모카 무스는 풍부함이 깃든 따뜻한 갈색 색조로, 우아한 무광 브라운과 부드러운 밀키톤의 조화는 초콜릿과 커피를 연상하게 한다. 입안에 퍼지는 미각과 일상의 편안한 분위기를 전달하고, 패션이미지로는 세련되지만 브라운 색조가 가진 편안하고 소박한 특성을 가진 클래식 이미지가 있고, 일상의 즐거움과 열망을 담고 있는 색상이다.

팬톤이 선정한 2025년 SS 트렌드 컬러 이름에는 전 세계적인 '베이커리' 붐과 MZ세대의 '작은 간식 문화(Little Treat Culture)도 반영되었다. 색상으로는 라임 크림, 백포도, 오렌지에이드, 럼 건포도와 같은 이름이 작은 간식 문화가 반영된 사례라고 볼 수 있다.

Figure 27. 2025 팬톤 선정 트렌드 컬러 '모카 무스(Mocha Mouse)

출처: WWD. Korea

모카 무스 색상을 반영한 패션이미지는 브라운이 베이스로 되어 있어 차분하고 고급스러우며 편안한 이미지를 주는데 세련된 이미지가 있는 특징이 있다. 대체적으로 편안한 이미지는 고급스러움과 상반된 이미지로 사용되는데 두 가지의 특징을 골고루 갖추고 있는 것은 모카 무스의 색상의 조합이 갈색의 편안함과 블랙의 고급스럽고 럭셔리함이 가미되어 두 가지 색상의 장점을 내포하고 있기 때문이다.

Figure 28. 2025 팬톤 선정 트렌드 컬러 '모카 무스(막스마라/이자벨 마랑/에르메스)

출처: WWD. Korea

▣ 2025 팬톤 선정 SS 유행컬러 10색

팬톤이 선정하고 발표한 2025년 대표 컬러인 모카 무스 외에도 2025년 SS 패션 컬러 트렌드 보고서에 패션위크에서 유행할 10가지 색상을 발표하였는데 이는 당해 뉴욕 패션 위크에 부각되었고, 컬러의 특징으로는 전체적으로 자연의 색조를 반영하고 있다. 컬러 트렌드 목록에는 두가지 계열의 브랜(Bran)과 베이지 계열의 코쿤(Cocoon), 그리고 시즌리스 컬러 목록에는 진한 럼 건포도(Rum Rasin)가 포함되어 있다. 파스넬 톤의 라임 크림, 톡톡 튀는 화이크 그레이프, 회색빛이 도는 카슈미르 등 친환경에서 영감을 받은 그린 컬러도 눈에 띈다.

선정 컬러로는 브랜(Gran), 코쿤(Cocoon), 크로커스(Crocus), 데자뷰 블루(Déjà vu Blue), 카슈미르(Kashmir), 라임 크림(Lime Creaml), 림펫 쉘(Limpet Shell), 미스티드 메리골드(Misted Marigold), 오렌지에이드(Orangeade), 화이트 그레이프(White Grape)이다.

Figure 29. 2025 팬톤 선정 S/S 뉴욕패션위크 트렌드컬러 10색

출처: WWD. Korea

Figure 30. 2025 S/S 팬톤 선정 뉴욕패션위크 시즌리스컬러 5

출처: WWD. Korea

1 브랜(Bran)

2025 SS 팬톤에서 발표한 컬러트렌드 보고서 10색 중 가장 첫 번째 색상은 브랜(Bran)이다. 이 색상은 갈색 계열로 흙빛을 띈 따뜻한 갈색. 마치 갓 구운 빵 껍집처럼 풍부하고 깊이 있는 색감이 특징이다. 이는 자연 그대로의 순수함과 안정감을 표현하며 패션, 인테리어, 액세서리 등에 다양하게 활된다. 브랜 색상은 브라운이 베이스 색상으로 브라운이 주

는 특유의 편안하고 아늑하며 소박한 느낌, 세련되고 차분하며 부드러운 느낌이 마치 초콜릿 우유를 연상하게끔 하는 온화한 브라운이다. 퍼스널컬러 유형으로는 따뜻하고 온화한 이미지, 피부톤으로는 노르스름하고 까무잡잡한 웜타입의 가을 이미지에 잘 어울린다.

Figure 31. 2025 S/S 팬톤 선정 뉴욕패션위크 컬러트렌드 '브랜'(막스마라/에르메스)

출처: WWD. Korea

2 코쿤(Cocoon)

베이지 계열로 따뜻하고 포근함의 대명사이다. 누에고치처럼 부드럽고 은은한 분위기로 팬톤에서 선정한 뉴욕패션위크 첫 번 째 색상인 브랜(Bran)과 함께 자연주의 트렌드를 이끌어갈 핵심 컬러이다. 코쿤 색상은 현대 사회의 복잡함 속에서 심신의 안정과 평온을 추구하는 현대인의 니즈를 반영한 색으로 브랜과 함께 매치했을 때 온화하고 안락하며, 내추럴한 이미지, 편안하면서도 세련된 즉 "꾸안꾸"의 느낌을 주는 스타일링이 가능하다. 퍼스널컬러 유형으로 본다면 웜톤의 패션 이미지에 잘 어울린다.

Figure 32. 2025 S/S 팬톤 선정 뉴욕패션위크 컬러트렌드 '코쿤'(토리버치/메종 마르지엘라)

출처: WWD. Korea

3 크로커스(Crocus)

마젠타 색상에서 영감을 받은 크로커스는 꽃이 연상되는 차분한 보라색으로 화려한 듯한 비비드한 중성색상과 잘 어울린다. 이 색상은 보라 계열로 보라색이 주는 특유의 우아함, 여성스러움, 고급스러운 이미지가 있어 페미닌한 감성을 표현하기 좋은 색상이다. 퍼스널컬러 유형으로 본다면 쿨톤의 패션 이미지에 잘 어울린다.

Figure 33. 2025 S/S 팬톤 선정 뉴욕패션위크 컬러트렌드 '크로커스'(이자벨마랑/베르사체/알렉산더)

출처: WWD. Korea

4 데자뷰 블루(Déjà vu Blue)

전 세계인이 가장 사랑하는 컬러 1순위 '블루'이며, 해마다 팬톤에서는 블루계열의 컬러를 유행컬러로 선정하기도 한다. 이는 블루컬러가 주는 클래식하면서도 세련되고 차분한 이미지를 주기 때문이다. 데자뷰 블루는 기존 네이비 블루보다 밝고 화사한 느낌의 색상으로 봄 시즌에 어울리는 경쾌함을 표현해주는 색상이다. 이 컬러는 청량감 넘치는 색으로 마치 맑은 하늘을 연상케 하고, 네이비 블루에 비해 밝고 화사한 색상이다. 퍼스널컬러 유형으로 본다면 웜톤과 쿨톤 모든 패션 이미지에 무난하게 잘 어울린다.

Figure 34. 2025 S/S 팬톤 선정 뉴욕패션위크 컬러트렌드 '데자뷰 블루'(디젤/베르사체/에트로)

출처: WWD. Korea

5 카슈미르((Kashmir)

회색빛이 감도는 차분한 그린 컬러로 자연에서 영감을 받은 편안함과 고급스러움을 동시에 주는 색상이다. 이 컬러는 마치 부드러운 카슈미르 섬유처럼 감각적인 텍스처를 연상하게 하고, 봄의 따뜻함과 함께 고급스러운 분위기를 더하고 싶을 때 최고의 선택이 될 색상이다. 퍼스널컬러 유형으로 본다면 웜톤의 패션 이미지에 잘 어울린다.

Figure 35. 2025 S/S 팬톤 선정 뉴욕패션위크 컬러트렌드 '카슈미르'(구찌/생로랑)

출처: WWD. Korea

6 라임 크림(Lime Cream)

라임 색상 특유의 이미지가 레몬을 연상하게 하는 상큼함과 톡톡 튀는 이미지가 주를 이룬다. 라임 크림은 기존 라임 컬러에 부드러운 크림색상을 추가하여 부드럽고 상큼한 파스텔톤. 봄의 싱그러움을 그대로 담아 낸 듯한 색이다. 이 컬러는 보는 것만으로도 기분을 상쾌하게 만들어 주고, 어울리는 색상은 화이트, 베이지 컬러와 잘 매치된다. 퍼스널컬러 유형으로 본다면 웜톤의 패션 이미지에 잘 어울린다.

Figure 36. 2025 S/S 팬톤 선정 뉴욕패션위크 컬러트렌드 '라임 크림'(메종 마르지엘라/베르사체/구찌)

출처: WWD. Korea

7 림펫 쉘(Limpet Shell)

림펠 쉘 컬러는 2016년에도 팬톤이 그해에 유행하는 컬러로 선정한 컬러 중 하나이다. 이 컬러는 맑고 밝은 해변에서 영감을 얻은 색상으로 화려한 의상은 물론 유사계열의 블루와 그린과 잘 어울리며 민트 색상과 유사하며 차가운 민트보다는 보편적인 민트색상이다. 퍼스널컬러 유행으로 본다면 웜톤과 쿨톤의 패션연출에 잘 어울린다. 웜톤의 유형 중 다크한 가을보다 맑고 투명한 봄 타입의 피부톤에 잘 어울린다.

Figure 37. 2025 S/S 팬톤 선정 뉴욕패션위크 컬러트렌드 '림펫 쉘'(질샌더/마르니)

출처: WWD. Korea

8 미스티드 메리골드(Misted Marigold)

노란색의 금잔화와 유사한 색상으로 금잔화보다는 조금 밝은 느낌의 노랑색이라고 보면 된다. 노란 색조는 거의 모든 색상과 잘 어울리고, 맑고 밝은 느낌, 따뜻하고 발랄한 느낌으로 부정적인 느낌보다는 주로 긍정적인 느낌을 주는 색상이라고 할 수 있으며. 패션 전체를 연출하기 보다는 상의 또는 하의에 매치하거나 패션소품이나 액세서리 등에 포인트로 활용하면 좋다. 퍼스널컬러 유형으로 본다면 웜톤이고, 계절로는 맑고 투명하며 노란 피부톤을 가진 봄타입의 유형에게 잘 어울린다.

Figure 38. 2025 S/S 팬톤 선정 뉴욕패션위크 컬러트렌드 '미스티드 메리골드'(구찌/생로랑/마르니/디젤)

출처: WWD. Korea

9 오렌지 에이드(Orange Ade)

톡 쏘는 오렌지의 활력을 그대로 담은 색으로으로 빨강과 소량의 노랑이 혼합된 색이다. 생동감 넘치는 에너지를 표현하며 봄의 활기찬 분위기를 연출하는데 효과적인 색상이다. 오렌지가 주는 특유의 레드의 특성과 아주 미묘하게 믹스된 노랑색이 있어 따뜻한 웜톤의 오렌지라고 볼 수 있다. 이 색상은 다이내믹한 에너지를 주어 데님 소재와의 조합은 상상 그 이상의 에너지를 발휘한다. 퍼스널컬러 유형으로는 따뜻한 느낌의 웜톤에게 잘 어울리는 색상이다.

Figure 39. 2025 S/S 팬톤 선정 뉴욕패션위크 컬러트렌드 '오렌지 에이드'(구찌, 이자벨 마랑/보테가 베네타/발망)

출처: WWD. Korea

10 화이트 그레이프(White Grape)

청량함이 넘치는 백포도의 이미지를 연상하게끔 하는 색상으로 극 소량의 흰색과 연두색의 혼합색이라고 볼 수 있다. 화이트 그레이프의 싱그러운 과일향이 느껴지는 듯한 착각을 불러일으키는 색으로 SS시즌에 활력을 더하고 싶을 때 활용하면 좋다. 이 색상은 연한 색상과 매치하면 포인트가 되고, 선명한 데님과 매치하면 발랄하고 경쾌한 느낌으로 연출할 수 있다. 퍼스널컬러 유형으로 본다면 웜톤의 봄타입의 피부톤에 잘 어울리는 색상이다.

Figure 40. 2025 S/S 팬톤 선정 뉴욕패션위크 컬러트렌드 '화이트 그레이프'(베르사체, 구찌)

출처: WWD. Korea

▣ 2025 팬톤 선정 SS 시즌리스 컬러 5색

팬톤은 그해를 대표할 메인 트렌드 컬러 모카 무스(Mocha Mouse)와 뉴욕패션위크 SS콜렉션에서 유행할 컬러 컬러 10색(브랜(Gran), 코쿤(Cocoon), 크로커스(Crocus), 데자뷰 블루(Déjà vu Blue), 카슈미르(Kashmir), 라임 크림(Lime Creaml), 림펫 쉘(Limpet Shell), 미스티드 메리골드(Misted Marigold), 오렌지에이드(Orangeade), 화이트 그레이프(White Grape)) 외에 그해에 모든 컬렉션에서 유행을 타지 않는 시즌리스 컬러 5색을 함께 발표하였다. 해당 컬러는 이클립스(Eclipse), 블루 그래니트(Bleu granite), 럼 레이즌(Rum Rasin), 엔틱 화이트(Antique), 문빔(Moonbeam)이다.

1 이클립스(Eclipse)

Figure 41. 2025 S/S 팬톤 선정 뉴욕패션위크 시즌리스 컬러 5(미스티드 메리골드)

출처: WWD. Korea

그래니트는 파랑과 검정이 혼합된 색상으로 누구에게나 무난하게 어울리는 흰색, 검정색, 회색의 무채색처럼 보편적으로 잘 어울리는 색상이다. 그래니트는 진한 네이비 색상으로 검정색에 가까운 진한 파랑색으로 클래식하고 세련된 느낌을 주며 연한 색상과 매치했을 때는 차분하면서 시크한 느낌을 주고, 비비드한 색상이나 강렬한 색상과 매치했을 때 그 진가가 더 발휘되는 색상이다. 퍼스널컬러 유형으로는 쿨톤의 겨울, 웜톤의 가을 타입에게 잘 어울린다.

2 블루 그래니트(Blue Granite)

회색과 블루를 혼합한 짙은 청회색으로 세련되고 차분한 느낌을 주는 색이다. 이 색은 도회적인 디자인 공간과 완벽하게 어울리는 회색빛 도는 파란색으로 패션연출은 물론이고 시크하고 차분한 인테리어 관련분야에도 활용도가 높다. 패션이미지로 연출할 때는 무채색인 화이트와 연한 회색, 블랙과도 매치가 잘 되고, 회색이 주는 중재 및 화합, 중용의 의미가 있어 비비드한 강렬한 색상과의 코디도 잘 어울린다. 퍼스널컬러 유형으로는 쿨톤에 잘 어울린다.

Figure 42. 2025 S/S 팬톤 선정 뉴욕패션위크 시즌리스 컬러 5(블루 그래니트)

출처: WWD. Korea

3 럼 레이즌(Rum Raisin)

소량의 레드와 블랙이 가미된 다크브라운으로 유행을 타지 않는 크리미하고 세련된 색이다. 이 색상은 데일리로 사용하는 커피 테이블에 사용되거나 여성스럽고 섹시한 레드브라운의 헤어염색과 블랙과 매치하면 다크하면서 고상하며 세련된 이미지를 주고, 차가운 듯 하면서도 도도한 이미지의 패션연출에 좋은 컬러이다. 퍼스널컬러 유형으로는 쿨톤과 웜톤 모두에게 무난하게 잘 어울리고 특히 웜톤의 가을 유형에게 더 잘 어울린다.

Figure 43. 2025 S/S 팬톤 선정 뉴욕패션위크 시즌리스 컬러 5(럼 레이즌)

출처: WWD. Korea

4 엔틱 화이트(Antique White)

흰색에 극소량의 노랑색이 믹스된 따뜻한 아이보리 톤의 흰색이다. 화이트가 주는 클래식하면서도 베이지색이 살짝 가미되어 포근한 느낌을 주는 오래된 듯한 엔틱느낌의 화이트 색상이라고 볼 수 있다. 이 색상은 무난하면서도 차분한 색상으로 다른 색상들과 조화가 뛰어나 패션, 인테리어 등에서 주로 베이스 컬러로 활용되고, 단독으로 연출했을 때 세련되고 고급스러운 이미지와 여리 여리한 여성스러움을 주는 차분한 색상이다. 퍼스널컬러의 유형으로는 옐로 베이스의 피부톤인 웜톤의 봄과 가을이미지에 잘 어울린다.

Figure 44. 2025 S/S 팬톤 선정 뉴욕패션위크 시즌리스 컬러 5(엔틱 화이트)

출처: WWD. Korea

5 문빔(MoonBeam)

차가운 베이지색 느낌의 색상으로'달빛'이라는 이름처럼 광택감이 있으면서 신비로운 색상이며 귀족의 느낌처럼 고급스러운 색이다. 베이지색이 주는 여리 여리함과 여성스러운 이미지로 연한 화이트와 매치했을 때는 연약한 여성스러운 이미지를 연출하기에 좋고, 다크한 컬러와 매치하면 고상하면서 세련된 이미지를 주는 연출이 가능하다. 퍼스널컬러 유형으로는 웜톤의 옐로 베이스의 피부톤보다는 하얗고 깨끗한 쿨톤의 이미지에 잘 어울린다.

Figure 45. 2025 S/S 팬톤 선정 뉴욕패션위크 시즌리스 컬러 5(문빔)

출처: WWD. Korea

4. 패션 트렌드

2025 SS 패션컬렉션의 전반적인 패션이미지를 살펴보면 섹슈얼리즘이 부각되는 디자인이 많아 실제 에로티시즘을 바탕에 둔 많은 룩이 런웨이에서 나타났다. 트롱프뢰유 효과로 란제리 룩을 연출한 발렌시아가의 발레의 미학이 스포츠웨어의 새로운 트렌드를 제안하였고, 섹시함과 뇌쇄적인 여성성을 연상케 하는 페티시 웨어는 이전 시즌보다 더 미니멀하게 변했으며, 이번 패션은 어느 때보다 압도적이거나 과감하거나 강렬한 디자인이 2025년 SS 여성 패션 트렌드를 주도한다고 볼 수 있다. 런웨이에서 선보인 여성 패션디자인을 축약해보니 대략 16가지로 정리되며, 종류로는 비대칭 팬츠, 원숄더 룩, 레트로 시크 룩, 발레리나 룩, 시스루 룩, 본디지 룩, 란제리 룩, 보헤미안 룩, 퍼프소매, 크리놀린 룩, 프린지 룩, 훌 네크라인, 화려한 네크라인, 로우 네크라인, 맥시코트가 눈에 띄게 부각되었다.

1 하이브리드 팬츠(Hybrid Pants)

2025 SS 여성패션을 살펴보면 보테가 베네타, 루이 비통, 코페르니 등의 빅 브랜드들이 일제히 한쪽 바지를 잘라낸 원 래그 팬츠가 눈에 띄게 부각된다. 기존에는 한쪽 어깨만 드러내는 원 숄더 디자인은 많았으나 다리 한쪽이 없는 바지는 이번이 처음이다. 2025년에는 디자이너들이 기존에는 예상하지 못한 하이브리드 팬츠에 베팅하며 고정된 틀에서 벗어나고 있다. 언제나 영원한 듯한 클래식 룩의 매너리즘에 빠져 있던 디자이너의 감성이 외다리 팬츠에 시선을 옮겨 색다른 패션 룩을 선보였다.

Figure 46. 2025 S/S 여성 패션트렌드 '하이브리드 팬츠'(디올/보테가베네타/코페르니/루이비통)

출처: WWD. Korea

2 원숄더 룩(One Shoulder Look)

원숄더는 주로 여성성을 강조하기 위해 활용하는 디자인으로 섹시하면서 세련되며 우아하면서 럭셔리한 이미지와 여신의 느낌을 연상하게 하는 특징이 있다. 이번 2025 SS 런웨이에서 발망, 베르사체, 조르지오 아르마니, 크리스찬 시리아노 등이 원숄더 디자인에 팬톤이 패션위크에서 유행컬러로 선정한 컬러와 시즌리스 컬러를 패션 디자인에 적용하였다.

Figure 47. 2025 S/S 여성 패션트렌드 '원숄더 룩'(발망/베르사체/조르지오 아르마니/크리스찬 시리아노)

출처: WWD. Korea

3 레트로 시크 룩(Retro Chic Look)

패션의 유행은 경제 상황과 밀접한 관련성이 있다. 우리 경제가 어려울 때는 항상 과거로 회귀하는 현상, 즉 레트로가 유행한다. 사람들의 감성이 과거에 가장 좋았던 때, 행복했던 시절을 떠올리고 그리워하는 감성이 패션디자인으로 표현된다고 볼 수 있다. 경제 상황이 나빠질수록 여성의 스커트는 짧아지고, 패션 콘셉은 미니멀 해지며, 메이크업 측면에서는 립스틱이 붉어진다는 사설이 있다. 레트로라고 해서 과거의 진부한 레트로가 아닌 2025년에는 레트로와 도회적인 시크의 이미지가 믹스되어 레트로 시크가 되었고, 이미지 특징으로는 과감하거나 대담하며 우아한 이미지까지 내재되어 레트로 시크라고 볼 수 있다.

Figure 48. 2025 S/S 여성 패션트렌드 '레트로 시크'(발렌티노/루이비통/베르사체/미우미우)

출처: WWD. Korea

4 스포츠 룩(Sports Look)

웰빙과 웰니스를 지향하는 현대인들의 니즈를 반영하여 패션위크에서도 스포츠와 웰빙이 일상의 욕구와 연결되고 자극하는 시대가 되었다. 파리올림픽이 펼쳐졌던 2024년과 같은 열광적인 스포츠맨십은 사그라들면서 2025년에는 발레와 같은 정적이고 좀 더 우아한 예술적 운동이 스포츠 룩의 자리를 차지하였다. 대표적으로 디올(Dior) 2025 S/S 레디투웨어 컬렉션은 파리 올림픽의 영향으로 제작된 스포츠웨어와 여성 전사 아마존(Amazon)에서 영감을 받은 룩들로 구성되었다. 디올 외에도 끌로에, 페라가모, 빅토리아 백햄에서도 발레리나의 감성을 올해 유행할 컬러를 접목하여 패션위크에서 다양한 이미지로 선보였다.

Figure 49. 2025 S/S 여성 패션트렌드 스포츠 룩'(빅토리아 백햄/끌로에/페라가모/디올/끌로에)

출처: WWD. Korea

5 시스루 룩(See throuth Look)

2025 SS 패션위크에서는 여성성이 부각되는 시스루 룩이 여전히 강세를 보이고 있다. 시스루라는 패션용어로 속이 다 비쳐보이거나 비쳐보이도록 만든 것을 의미하며 시(See)+스루(Through)의 합성어이다. 시스루 룩은 대부분 패션위크 FW보다는 하늘거리며 얇고 가볍고 속이 비치는 시스루 소재의 활용도가 높은 SS에 더 많이 나타나고 있다. 해마다 빠질 수 없는 시스루 룩은 바디의 실루엣을 강조하고 여성성을 표현하기에 최고의 페브릭이라고 할 수 있으며 다양한 유명 디자이너들도 시스루 룩을 출시하였다.

Figure 50. 2025 S/S 여성 패션트렌드 '시스루 룩'(아크나바스/에르메스/디올/크리스찬 코완/ 조르지오 아르마니 오트쿠튀르)

출처: WWD. Korea

6 본디지 룩(Bondage Look)

본디지(Bondage)의 의미는 구속(된 상태), 신체 결박, 즉 성적 쾌감을 얻기 위해 밧줄이나 쇠사슬 등으로 몸을 묶는 것으로 여성 패션위크의 다양한 브랜드에서 선보였다. 결박을 할 때 쇠사슬이나 밧줄이 아닌 패션아이템과 동일한 페브릭을 활용하여 신체를 결박하는 느낌을 연출하였고, 일종의 코르셋처럼 신체를 조이고, 섹시한 여성성을 부각시키는 것에 중점을 두었다.

Figure 51. 2025 S/S 여성 패션트렌드 '본디지 룩'(발망/아크나바스/크리스찬 시리아노/루아르/요지 야마모토)

출처: WWD. Korea

7 란제리 룩(Bondage Look)

2025 SS 여성 패션위크에서 부각되는 주요 트렌드 아이템으로는 브라탑과 언더웨어 패션이 여러 디자이너 작품에서 선보였다. 란제리는 프랑스어로 리넨으로 된 속옷을 가리키는 말이었지만 영어로 차용되면서 여성의 매력을 극대화한 속옷으로 의미가 변화되었다. 이번 패션위크에서는 상의에 미니멀리즘을 적용하여 상의의 미니멀과 상의실종이 혼재되어 나타나고, 속옷인 란제리 디자인이 런웨이에서 다양하게 부각되었다.

Figure 52. 2025 S/S 여성 패션트렌드 '란제리 룩'(미우미우/샤넬 오트쿠티르/발렌티노/안나수이/크리스찬 코완)

출처: WWD. Korea

8 보헤미안 룩(Bohemian Look)

보헤미안의 어원은 프랑스어 보헴(Bohême)으로 체코의 보헤미아 지방에 유랑민족인 집시가 많이 살고 있었는데 15세기경부터 프랑스인이 집시를 보고 보헤미안이라고 불렀다. 이번 2025 SS 패션위크에서는 발렌티노와 이자벨 마랑이 보헤미안 룩이 눈에 띄게 부각되었다. 보헤미안 룩이 주는 느낌은 오리엔탈과 에스닉의 다양한 이미지가 있고, 디테일로는 프린지와 깃털, 벨트 등을 활용하여 와일드한 보헤미안 룩을 선보였다.

Figure 53. 2025 S/S 여성 패션트렌드 '보헤미안 룩'(발렌티노/조르지오 아르마니 오트쿠튀르/이자벨 마랑)

출처: WWD. Korea

9 퍼프 소매 (Puff Sleeve)

퍼프 소매는 어깨 끝이나 소매 끝에 주름을 넣어 약간 부풀게 한 소매로 귀엽고 사랑스러운 이미지를 준다. 넓은 어깨인 경우 어깨가 좁아보이고, 어깨에 살이 있는 체형인 경우는 퍼프로 시선을 주어 체형으로 시선이 가지 않도록 하고 전체적인 이미지를 귀엽고 어려보이게 해주는 장점이 있는 디테일이라고 볼 수 있다. 2025 SS 패션위크에서는 샤넬의 오트쿠튀르에서 트위드 페브릭에 둥근 퍼프소매가 많았고, 끌로에는 얇지 않은 가죽점퍼도 퍼프소매로 디자인하여 가죽의 거친 느낌을 퍼프소매의 귀여움으로 커버하여 영캐주얼의 특징이 돋보였다.

Figure 54. 2025 S/S 여성 패션트렌드 '퍼프 소매'(샤넬 오트쿠티르/끌로에/알렉산더 맥퀸/끌로에/디올)

출처: WWD. Korea

10 크리놀린 룩 (Puff Sleeve)

크리놀린은 19세기 서양 여자들이 스커트를 부풀게 하기 위한 버팀대를 의미하며, 디자인 형태는 전체적으로 닭장 모양을 이룬다. 이 디자인은 밑단으로 가면서 벌어지는 커다란 피라미드형 치마로 가슴의 볼륨은 강조하고 잘록한 허리를 만드는 디자인이라고 볼 수 있다. 이번 2025 SS 패션위크에서는 독특한 디자인의 대명사인 꼼 데 가르송, 발렌티노 오트쿠튀르, 디올, 알렉센더 맥퀸, 스키아파렐레 오트쿠틔르 등에서도 여성의 신체 실루엣이 부각되는 크리놀린 스타일이 눈에 띄게 부각되었다.

Figure 55. 2025 S/S 여성 패션트렌드 '크리놀린 룩(알렉산더 맥퀸/디올/스키아파렐리 오트쿠튀르/발렌티노 오트쿠튀르/꼼 데 가르송)

출처: WWD. Korea

11 프린지 룩 (Fringe Look)

프린지(fringe)는 올을 빼거나 가죽에 절개를 넣어서 만드는 찰랑거리는 술 장식을 의미한다. 프린지는 복고 패션이 계속해서 유행하는 1970년대의 히피 분위기 연출을 위한 핵심 아이템으로 보헤미안, 에스닉 등과 같이 자유분방한 느낌이 있고 프린지 제작 디자인에 따라 체격이 커 보일 수 있다는 단점도 있지만 디자인의 각도를 대각선으로 잘 활용하면 체형커버가 가능하다.

이번 2025 SS 패션위크에서는 프린지의 소재와 디자인, 색상 등을 다양하게 하여 히피의 느낌보다는 자유분방한 개성을 표현하는 프린지 룩을 선보였다.

Figure 56. 2025 S/S 여성 패션트렌드 '프린지 룩'(알렉산더 맥퀸/나누쉬카/올라존슨/스키아파렐리 오트쿠튀르/이자벨마랑)

출처: WWD. Korea

12 레이어드 룩 (Layered Look)

레이어드의 의미는'층이 있는', '층을 이룬'의 뜻으로 패션에서는 옷을 겹쳐 입거나 여러 개의 옷을 껴 입는 스타일을 의미한다. 이번 2025년 SS 패션위크에서는 원피스+바지 또는 원피스+점퍼를 믹스매치하여 격식이나 형식에 얽매이지 않고 자유분방하며 각자의 개성을 표현하는 방식으로 레이어드 룩이 여러 디자이너들의 작품에서 나타났다. 특히 눈에 띄게 부각되는 것은 시스루 소재의 레이어드링이 많아 여성성이 부각되는 디자인을 선보였다.

Figure 57. 2025 S/S 여성 패션트렌드 '퍼프 소매'(알렉산더 맥퀸/나누쉬카/올라존슨/스키아파렐리 오트쿠튀르/이자벨마랑) 출처: WWD. Korea

13 카울 드레이프 네크라인(Cowl Drape Neckline)

우아함과 여성성이 부각되는 카울 드레이프 네크라인은 중세 가톨릭 수도사의 두건 달린 겉옷으로부터 시작되었고, 이 두건을 등에 늘어뜨리면 느슨한 몇 개의 주름이 생기는 디자인을 의미한다. 이번 2025 SS 패션위크에서는 카울 드레이프 네크라인을 제작할 때 주로 가볍고 얇은 원단을 사용하였으나 디자이너의 감성에 따라 아크나바스 디자인에서는 두꺼운 데님 소재로도 카울 네크라인을 연출하여 소재의 다양성이 부각되었다.

Figure 58. 2025 S/S 여성 패션트렌드 '카울 드레이프 네크라인'(루이비통/이자벨 마랑/아크나바스/크리스찬 사리아노/알렉산더 맥퀸)

출처: WWD. Korea

14 화려한 네크라인

이번 2025 SS 패션위크에서는 발렌티노 특유의 화려한 패턴을 바탕으로 러플, 리본, 상징적인 V 로고와 같은 클래식한 요소를 재해석한 의상들을 선보였다. 발렌티노의 작품에서 네크라인에 과도한 러블과 장식을 주어 고급스럽고 중세적인 이미지를 표현하였고, 샤넬 오트쿠튀르에서도 네크라인에 화려한 비즈장식을 주어 샤넬의 럭셔리함을 강조하였다.

Figure 59. 2025 S/S 여성 패션트렌드 '화려한 네크라인'(샤넬 오트쿠튀르/발렌티노/발렌티오 오트쿠튀르)

출처: WWD. Korea

15 로 네크라인(Low Neckline)

Low는 영어로 '낮다'의 의미로 데콜타주(Decolletage)와 유사한 의미로 사용된다. 이 로 네크라인은 목, 어깨 가슴을 드러내는 것이라는 뜻의 프랑스어로 복식에서는 상체 위쪽이 노출되도록 깊게 파진 디자인을 의미한다. 2025 SS 패션위크에서 네크라인이 가슴골 아래로 깊게 디자인된 작품들이 눈에 띄게 부각되었다. 로 네크라인은 가슴선의 V가 깊어 가슴 윗부분을 노출하여 여성미를 강조하는 것으로 주로 르네상스 시대의 육체미와 관능미를 부각시키는 것에서 차용되었다고 볼 수 있다.

Figure 60. 2025 S/S 여성 패션트렌드 '로우 네크라인'(발렌티노/발망/아크나바스/크리스찬 사리아노, 루아르)

출처: WWD. Korea

16 맥시 코트(Maxi Coat)

맥시(Maxi)라고 하면 자락이 발목까지 내려오는 여자용 스커트나 코트를 의미한다. 코트는 주로 간절기 계절인 봄과 가을은 멋스럽게, 겨울은 방한용으로 착용하는 대표 아이템이다. 코트 아이템의 대명사인 막스마라에서도 맥시 코트가 주를 이루었고, 크리스찬 코완, 라코스테, 끌로에, 펜디, 크리스찬 사리아노에서도 발목까지 오는 맥시 코트가 눈에 띄게 부각되었다. 코트가 맥시하면 세련되고 멋스러운 이미지가 있다.

Figure 61. 2025 S/S 여성 패션트렌드 '맥시 코트'(크리스찬 코완/라코스테/끌로에/펜디/크리스찬 사리아노)

출처: WWD. Korea

5. 뷰티 트렌드

뷰티의 목표는 기본적으로 미(美)의 추구이지만 환경이 변화함에 따라 건강도 같이 화두가 되면서 생활습관까지 변화되고 있다. 건강과 환경을 중요하게 여기는 문화가 화장품으로까지 확산되면서 동물성 원료를 사용하지 않은 이른바 크루얼티 프리 화장품이 전 세계적인 트렌드로 자리잡았다. 또한 채식주의자를 가리켰던 비건(Vegan)은 이제 단순히 채식을 통한 건강 영위에 그치지 않고 비건 화장품이 인기를 얻고 있다.

뷰티산업분야에서는 매일 방대하게 쏟아져 나오는 각종 뷰티관련 정보와 뷰티크리에이터의 유튜버 및 인플루언서의 활성화, 온라인 뷰티시장, 디지털 뷰티 디바이스의 활성화, 가루 콜라겐, 그린뷰티, 클린뷰티, 얼쓰뷰티, 컨셔스뷰티, 엑소좀, 마이크로 바이옴, 후성유전학, 도파민, 모카 무스 등의 다양한 키워드를 중심으로 뷰티산업은 지속적으로 꾸준히 발전하고 있다.

또 다른 경향으로는 2024년 11월부터 우리나라에도 오픈AI와 CHAT GPT가 뷰티산업에도 진입하고 있어 이와 관련된 연구가 현재와 미래에 다가올 뷰티산업 발전에 중요한 매개체 역할을 할 것이다. 따라서 이제는 뷰티가 과거 아날로그 방식의 손기술만이 아닌 AI(인공지능)가 뷰티산업에 미치는 영향을 알아보는 것이 뷰티산업 발전에 중요하다고 할 수 있다.

Figure 62. 2025 최신 뷰티 트렌드 키워드

1 뷰티산업 트렌드

뷰티와 패션은 타 분야에 비해 유행에 민감하고 사이클도 짧다. 2025년 뷰티산업 발전을 이끌어갈 키워드는 본질적으로 '고객만족'과 깊은 관련이 있다. 프랑스 뷰티 전문지 '코스메틱 디자인 유럽(CDU)'에서 발표한 '2025 뷰티산업트렌드'에서 5가지 트렌드를 제시하였다. 내용으로는 알파세대와의 즐거운 경험, 뉴로코스메틱스, 라이브스트리밍, 전략적 소비, AI 기술 발전 등을 키워드로 꼽으며, 이는 고객에 대한 접근법, 제품적 특성 등으로 속성이 다른 부분들도 있지만 결론적으로는 고객이 브랜드와 제품에 만족하게 한다는 것은 공통점이라고 하였다.

Figure 63. 2025 뷰티산업 트렌드

출처 : https://www.yakup.com/news/index.html?mode=view&nid=304428(약업신문 2024. 12. 30자 기사, 셔터스톡

a. 알파세대, 즐거운 경험 중시

퓨처랩(Future Laboratory)은 최근 발표한 '뷰티 트렌드 보고서'에서 2025년은 알파 세대의 영향력이 더욱 커지는 한 해가 될 것으로 전망했다. 2013~2025년 출생자(2025년 기준 한국 나이: 12세부터)를 의미하는 알파 세대는 기술에 정통하고, 소셜 미디어 활용이 자유로운 세대로 온라인 콘텐츠에 특히 많은 영향을 받는다. 교육과 과학적 증거에 깊은 관심을 보인다. 보고서에 따르면 알파 세대 자녀를 둔 가구는 뷰티 관련 지출에서 다른 세대를 앞지르고 있는 것으로 나타났다.

전 세계적으로 트렌드의 흐름이 빠른 미국은 알파세대에 대해서 주목하고 있다. 21세기에 태어난 첫 번째 세대로 불리는 '알파세대'는 Z세대에 이어 2010~2024년 사이에 출생한 세대로,그리스 알파벳 첫 글자를 사용해, 새로운 시작을 표현하기 위해 '알파'라고 이름 붙여진 이 세대는 40대에 접어든 밀레니얼세대의 자녀들이어서 '미니 밀레니얼'이라고도 불린다. 2025년 알파세대는 약 22억명에 이를 것으로 전망되고, 이는 밀레니얼세대와 Z세대의 소비력을 합친 것과 비슷한 수준이라고 하였다. 이 알파세대의 요구는 디지털 환경 덕분에, 궁극적으로는 제품을 발견하고 구매하며 소비하는 방식 덕분에 이전 세대와 다르다고 평가하였고, 현재 10대인 알파세대는 더욱 건강의 의식적인 세계에 성장하고 있으며. 지속 가능성 같은 환경적 요소에 중점을 두고 있으며 기후변화에 대한 우려들이 이 연령대의 소비자들을 타킷으로할 때 여선 가지 우선사항을 고려해야 한다.

● 지속 가능성

시장조사기관인 데이터에센셜(Dataassential)에 의하면 알파세대의 31%가 트렌디하다고 여기는 식물성 식품을 자주 섭취하고, 식물성 식품의 선택은 강요보다는 유연한 선택이고, 동물성 제품을 줄이는 이유는 환경적 이유라고 응답하였다.

식물기반(Plant-based) 스낵 / 출처 : www.amazon.com

Figure 64. 2025 식물성 식품 섭취의 증가

출처 :https://www.kati.net/board/exportNewsView.do?board_seq=100745(KATI 농식품수출정보, WWW. amazon.com

● 환경에 대한 기대치 상승

알파세대는 지구의 미래를 변화시키는데 관심이 많다. 이 세대에 대한 리서치 기관인 맥크린들(McCrindle)이 부모들을 대상으로 실시한 연구에 따르면 설문 응답자의 80%가 알파세대자녀가 부모들의 행동이나 소비 결정에 영향을 미쳤고, 자녀로 인하여 부모들이 환

경에 대한 인식이 높아졌다고 답하였다. 2012년 시작된 유엔의 지속가능한 개발 목표는 2030년을 기한으로 하고 있으며 이러한 목표가 가까워 짐에 따라 알파세대가 소비자 환경에 진입하고 있으므로, 브랜드들은 지속 가능성과 진보에 대한 알파세대의 명확한 요구에 귀를 기울일 필요가 있다.

● 무결성

연구자들은 알파세대를 업에이저(Upagers)라고 부르고 이들은 어린 나이에 사회적 인식이 더 높고 다른 세대보다 더 빨리 소비 환경에 참여한다. 알파세대 부모의 거의 4분의 3(71%)은 자녀가 자신들이 그 또래였을 때보다 브랜드에 대한 지식과 이해가 더 성숙해졌다고 생각하고 있다. 알파세대는 자신의 언어와 기술을 사용하여 브랜드와 교류하기를 원하고 따라서 브랜드들에게는 진정성 있고 투명한 메시지, 주장 및 대화가 매우 중요 해졌다. 제과 제조업체와 브랜드는 투명한 스토리텔링, 명확한 커뮤니케이션, 성실성, 정직성, 세상에 대한 배려를 입증하여야 한다.

● 디지털

알파세대는 디지털 세상에 살고 있으며, 브랜드는 알파세대와의 소통을 위해 디지털 공간을 이용해야만 한다. 윌리엄스 대표는 알파세대가 틱톡, 스냅챗, 유튜브 쇼츠와 같이 소화하기 쉬운 콘텐츠가 있는 소셜미디어 플랫폼들을 통해 브랜드와 소통하는 것을 선호한다고 전했다. 실제로 미국 알파세대의 43%가 6세 이전에 태블릿을 가지고 있었으며 58%는 10세 이전에 첫 번째 iPhone을 구입하였다. 알파세대 소비자들은 제과 업체로부터 디지털 우선 마케팅 전략, 몰입형 참여 및 발전된 기술을 기대하고 있다. 이는 소비자 직접 판매 전략과 매력적인 소셜미디어 캠페인을 사용하는 신생기업에게 엄청난 기회를 제공한다. 그리고 마케팅의 게임화는 이들 세대를 타겟으로 할 때 핵심 마케팅 전략이 될 수 있고 특히 마인크래프트, 로블록스와 같은 커뮤니티는 중요한 기회를 제공할 것이다.

로블록스와 콜라보한 젤리브랜드 사워패치키즈 (출처 : www.prnewswire.com)

Figure 65. 2025 로블록스와 사워패치키즈의 콜라보로 흥미 제공

출처:https://www.kati.net/board/exportNewsView.do?board_seq=100745(KATI 농식품수출정보, WWW. prnewswire.com

● 설탕 감소

인구통계학적으로 알파세대는 건강과 웰빙에 더 중점을 두고 성장하였다. 설탕 섭취의 감소는 알파세대 식단에 있어 주요 고려사항 중 하나이다. 브랜드를 위한 알파세대 가이드 (A Brand's Guide to Gen Alpha) 보고서에 따르면, 부모의 거의 절반에 해당하는 46%가 자녀의 설탕 섭취를 제한하는 것으로 나타났으며, 응답자의 39%는 자녀의 설탕 섭취를 제한하는 것이 매우 중요하다고 응답하였다. 제과 브랜드는 이러한 설탕 감소 니즈를 파악하여 성분을 개선함과 동시에 맛과 질감에 대한 알파세대의 민감성과 환경 문제 역시 동시에 고려하여야 한다.

● 클린 라벨

알파세대는 제품 성분, 출처, 제품 제조가 지구에 미치는 영향에 대해 완전하고 명확한 정보를 원한다. 성분 소싱, 배합 및 포장은 모두 중요한 고려 사항이다. 캘로그 소유의 RX Bar 브랜드는 브랜드의 패키징 리뉴얼을 통해 단순성과 투명성을 우선시함으로써 제품의 핵심 성분과 명확한 영양 정보를 강조하였고 그 결과 매출이 급증하고 있다.

Figure 66. 2025 캘로그 포장지에 성분 표시

출처:https://www.kati.net/board/exportNewsView.do?board_seq=100745(KATI 농식품수출정보, WWW. prnewswire.com

b. 뉴로코스메틱스(Neurcosmetics)

피부를 통해 신경계와 뇌에 영향을 미치는 성분이 포함된 스킨케어 및 뷰티 제품을 의미한다. 화장품 사용으로 기분이나 감정을 조절하는 등 화장품의 사용 범위를 확장할 수 있다는 평가를 받는다. 전문가들은 '뉴로코스메틱스가 더 많은 뷰티 혁신에 등장할 것'이라고 예측했다. 2023년부터 신경과학과 심리피부과학 측면에서 사용 가능한 기술이 빠르게 늘었고, 이는 필연적으로 제품 활성화로 이어지게 될 것이란 분석이다. 국내 화장품 중'유세린(Eucerin)'의 이 대표적인데 이는 뉴로코스메틱스로 피부의 편안함을 수면의 양과 질 향상으로 연결지어 소비자들을 끌어들이고 있다. 또한, 최근 많은 브랜드가 뉴로코스메틱스분야 진출을 염두에 두고 있어 소비자의 고민과 요구를 충분히 파악하고, 과학적 근거를 마련하는 것이 무엇보다 중요하다.

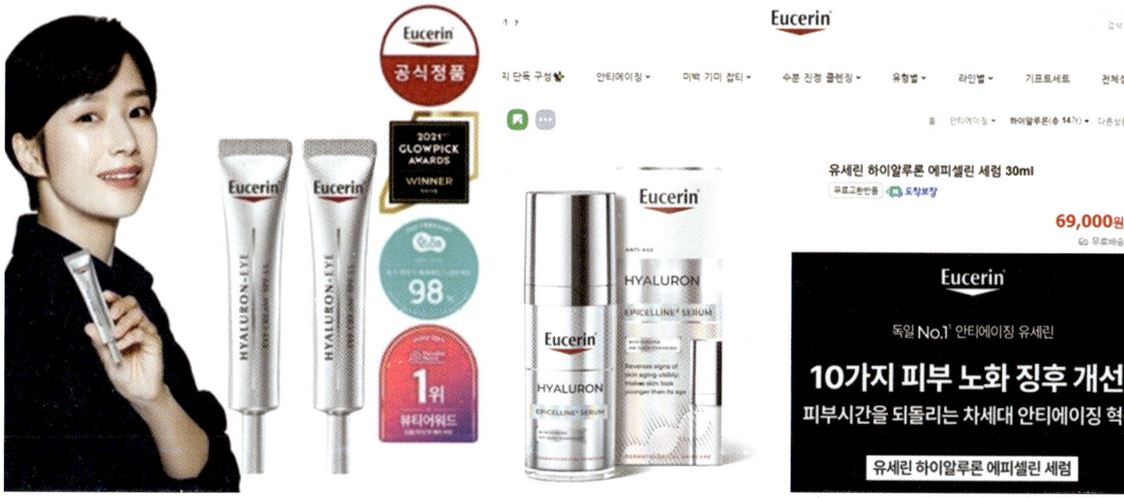

Figure 67. 유세린 아이크림

출처: https://www.yakup.com/news/index.html?mode=view&nid=304428, 올리브 영

c. 라이브 스트리밍(Live Streaming)

라이브 스트리밍은 2025년에도 화제의 중심에 설 것으로 예상된다.

(※스트리밍: 주로 소리(음악)나 동영상 등의 다중매체 파일을 전송하고 재생하는 방식의 하나)

칸타(Kantar)는 2025년 트렌드 보고서에서 중국을 중심으로 라이브 스트리밍 매출이 빠르게 늘것으로 전망했고, 맥킨지(McKinsey)는 중국의 라이브 커머스 매출이 2026년이면 전체 소매 매출의 20%까지 상승하게 될 것으로 봤다. 칸타는 진정성을 갖고 브랜드를 친숙하게 만드는 과정이 중요하다고 강조했다. 일부 마케터는 행동 지표에 집중하고 있지만, 소비자 감정이나 브랜드 이미지 같은 지표가 중요하다는 것이다. 뷰티트렌드보고서는 "라이브 스트리밍 광고를 통해 단기 구매 의도와 장기 브랜드 친화도를 모두 향상시킬 수 있다"며 "기존 유명 브랜드는 소비자 요구사항 충족 등을 통해 브랜드 이미지 개선을 장기적으로 노리고, 중소 브랜드의 경우는 인지도 제고 작업과 즉각적인 관심 유발 작업을 동시에 진행하는 것이 바람직하다"고 조언했다. 영국의 한 시장조사 기관은 "소셜 커머스가 소규모 브랜드의 장벽을 낮춘다"고 언급하며 기업 규모를 떠나 라이브 스트리밍에 집중할 필요가 있다"고 언급했다.

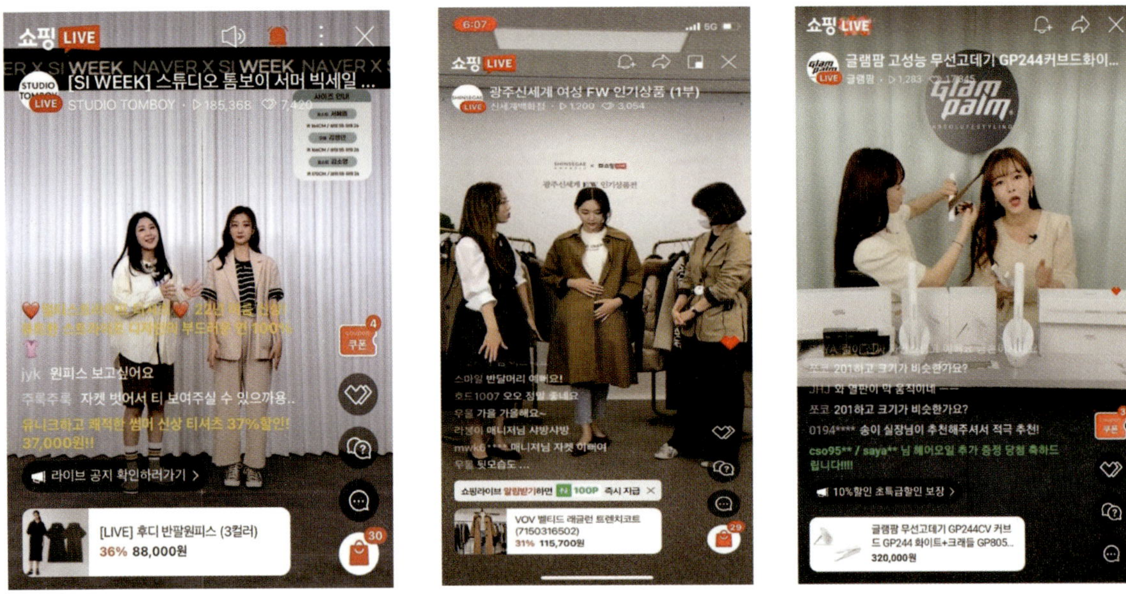

Figure 68. 라이브 스트리밍

출처: 네이버 라이브쇼핑, 신세계 라이브쇼핑

d. 전략적 소비

소비자들은 길어지는 경제적 불확실성 때문에 더욱 전략적으로 소비를 결정하게 될 것으로 보인다. 소비자 리서치 기관인 유로모니터(Euromonitor)는 "경제 불황, 고물가 등으로 인해 재정적 부담을 덜기 위한 소비 습관 변화가 자리를 잡고 있다"고 분석했다. 소비자는 제품의 가치를 고려해 우선순위를 매기고, 비교 평가를 거쳐 구매할 제품을 선택한다. 기업이 타깃 고객의 기억에 남을 만한 명확한 혜택과 실질적이고 유용한 솔루션을 제공해야 한다고 하였다.

2024년 조사에서 전체 소비자의 57%가 '가격 비교까지 마치고 제품을 구매한다'고 밝

힌 반면, '충동적으로 구매한다'는 응답은 18%에 그쳤다. 단, 가격만이 구매를 결정하는 요소가 아니라는 점에 주목할 필요가 있다. 보고서에 따르면 상당수의 고객은 현재의 즉각적 필요와 추후에 받을 혜택 등을 동시에 고려한다. 브랜드의 전반적 가치 역시 구매 시 고려 요소에 포함되기 때문에, 신뢰할 만한 브랜드라는 인식을 심어줘야 매출을 상승시킬 수 있다는 설명이다.

e. 쇼핑 AI의 일상화

2025년에도 AI 기술 발전은 여전히 뷰티산업 발전의 핵심 요소 중 하나가 될 것이란 전망이다. 뷰티테크기업 퍼펙트 코퍼레이션(Perfect Corp.)의 CEO 앨리스 창(Alice Chang)은 'AI 도입으로 온라인, 매장, 소셜 쇼핑 간의 경계가 모호해질 것'이라는 전망을 내놨다. 실제 매장이 사라질 것으로 예상되지는 않으나 온라인 플랫폼은 가파른 성장을 기록하고 있다. 이처럼 패션과 뷰티는 AI 쇼핑은 물론 AR(증강현실)도 겸하고 있어 관련 산업이 지속적으로 변화해 가고 있다. 대표적인 사례로 패션과 뷰티를 바꾸는 AR 기술: 구찌, 컨버스, 세포라가 있는데 이 업체들의 패션과 뷰티를 바꾸는 AR기술 혁명이 시작되었다. 관련분야에서는 AR기술이 소비자 경험의 중심으로 자리잡고 있다. 구찌(Gucci)는 자사 앱에서 AR로 스니커즈를 피팅해 보는 기능을 제공하여 사용자가 스마트폰 카메라를 통해 신발을 가상으로 신어볼 수 있도록 지원하였다. 발 움직임에 따라 다양한 각도에서 신발을 확인할 수 있고, 이를 소셜미디어에 공유하거나 바로 구매할 수 있는 기능으로 앱의 명칭은 'Gucci Try on'이다. 또한 컨버스(Converse)는 '컨버스 샘플러(Converse Sampler)' 앱을 통해 소비자가 스마트폰 카메라를 발에 비추기만 하면 다양한 신발 디자인을 실시간으로 체험할 수 있고, 신어본 가상 사진을 소셜미디어 공유하는 기능까지 제공해준다.

이러한 경험처럼 뷰티업계에서도 세포라(Sephora)의 가상 아티스트(Virtual Artist)앱인 'Sepora Virtual Artist'이 출시되었다. 사용방법은 사용자가 얼굴을 스캔하여 다양한 화장품 색상을 가상으로 적용해볼 수 있으며 이를 통해 자신에게 가장 잘 어울리는 메이크업 제품을 선택할 수 있다.

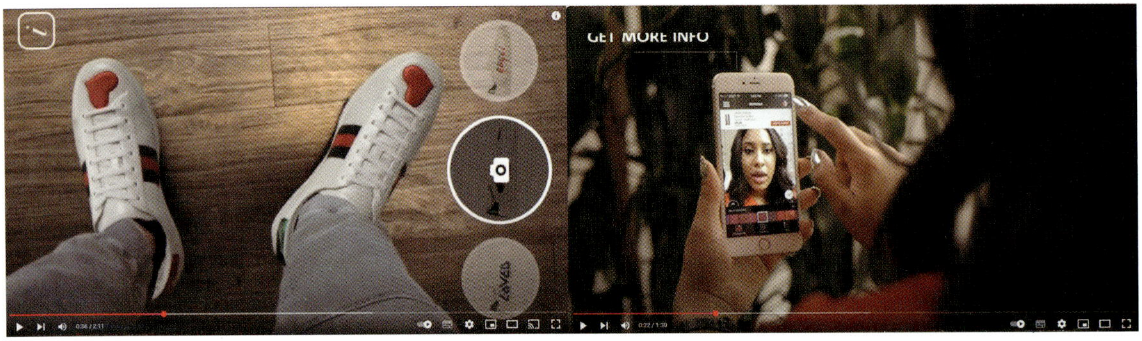

Figure 69. AR(증강현실-Grucci try on/Sepora Virtual Artist)

출처: 구찌, 세포라 홈페이지

2 2025 글로벌 뷰티 트렌드

아름다움과 건강, 웰빙을 추구하는 소비자의 니즈는 점점 더 커지고 경제와 사회환경에 따라 변화해 가고 있다. 전 세계적인 이상 기후로 인한 환경의 문제와 변화, 개인 및 공동체 간의 갈수록 높아지는 스트레스 등으로 진정한 웰빙과 힐링, 테라피 등을 추구하는 소비자들의 변화하고 발전해 가는 심리를 고려하여 관련 산업에서 2025년에 주목해야 할 글로벌 뷰티 트렌드 키워드 7은 다음과 같다.

a. 도파민 매뉴얼(Dopamin Menu)

도파민 매뉴얼을 이해하기 전에 먼저 도파민 호르몬에 대한 이해가 필요하다. 도파민은 뇌에서 만들어지는 신경 전달 물질로 일종으로 움직임, 동기부여, 보상, 강화학습 등 많은 기능에서 중요한 역할을 한다. 이는 신경세포 간 신호전달을 담당하며 뇌의 다양한 영역에서의 활동이 행동과 감정에 영향을 줄 수 있으며, 정상범위에서 벗어나 결핍되거나 과잉 되었을 때 파킨슨병, ADHD(주의력 결핍 과잉 행동장애), 치매, 우울증, 불안, 불면증, 초조, 조현병 등이 유발된다. 도파민이 긍정적으로 배출될 때는 행복호르몬이 되어 성취, 보상, 쾌락 등을 느끼며, 맛있는 음식, 좋아하는 행동을 할 때이고, 도파민의 분비량은 20세 전후에 최대가 되고 나이가 들수록 감소되며, 노년이 되면 최대 50%까지 줄어들 수 있다.

최근 최근 도파민 중독을 일으키고 있는 것 중 하나는 유튜브 Shorts, 인스타그램 릴스 등 짧은 영상들이고, 자신도 모르는 사이에 짧은 영상들을 30분, 1시간 이상으로 장시간 시청하면서 시간을 보내게 되며, 그사이 우리 뇌는 더 강한 자극을 받게 된다.

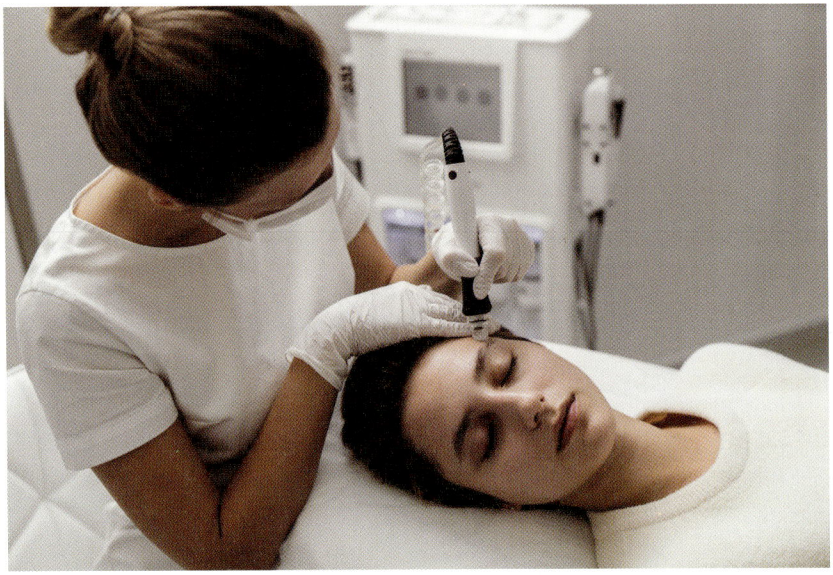

Figure 70. 도파민 매뉴얼(스킨케어/쇼핑/뷰티)

Figure 71. 도파민 매뉴얼(맛있는 음식/맛집/게임)

b. 기후 변화에 능동적으로 대응하는 스킨케어(Climate Sensitivity)

전세계적으로 이상 기후로 인해 지구온난화를 넘어 '열탕화 시대'에 접어들고 갈수록 점점 더워지고 습해지는 기후변화에 현명하게 대응하기 위한 뷰티트렌드의 전략이다. 이를 반영하여 다양한 브랜드가 변화하는 기후 조건에 맞추어 조절이 가능한 스킨케어 제품을 생산하며 환경과 생리적 변화에 실시간으로 적응할 수 있도록 기술과 자연을 융합하고 있다. 또한 친환경 소비를 실천하는 그린슈머의 부상에 뷰티업계에서는 '클린 뷰티', '컨셔스 뷰티' 등 친환경 트렌드가 이어지고 있다. 최근에는 동물 보호, 유해 성분 배제 등 단순한 친환경 실천을 넘어, 지구와 환경을 생각하는 '얼쓰 뷰티'가 새로운 뷰티 트렌드로 주목받고 있다. 뷰티업계는 공병 재활용 캠페인, 플로깅 등 다양한 활동으로 '얼쓰 뷰티'를 실천하며 그린슈머 공략에 박차를 가하고 있다.

2024년 글로벌 뷰티산업 통계를 보면, 덥고 습해진 기후로 인해 끈적이거나 무겁지 않은, 촉촉하면서도 구름과 같은 가벼운 텍스처의 '클라우드 스킨케어' 제품의 출시와 수요가 가파른 상승세를 타고 있고, 고온의 열기로 쉽게 붉어지고 예민해진 피부의 빠른 진정과 회복을 위한 '쿨링 스킨케어'에 대한 니즈 또한 갈수록 증가하는 추세이다.

Figure 72. 아모레퍼시픽 아베토리어 365/현대약품 마이녹셀 비건 탈모샴푸/현대약품 랩클 비건 수딩 워터패드

출처:https://dealsite.co.kr/articles/135450(Dealsite. 2025. 1. 22일 기사, https://www.jangup.com/news/articleView.html?idxno=91560(장업신문)

Table 글로벌 뷰티 트렌드 현상에 대한 명칭

얼쓰뷰티 (Earth Beauty)	-동물 보호, 유해 성분 배제 등 단순한 친환경 실천을 넘어, 지구와 환경을 생각하는 화장품
클린뷰티 (Clean Beauty)	-'유해 성분(파라벤, 황산염 및 합성향료 등)을 배제하고 환경 보호를 고려하여 만드는 화장품으로 '환경 보호, 동물 윤리, 유해 성분 배제'를 동시에 추구하는 제품
컨셔스 뷰티 (Concious Beauty)	-화장품 시장에서 최근 등장한 개념으로 직역하면 '의식적인 아름다움'을 뜻함 -지구환경을 생각하는 친환경 제품과 지속가능한 제품을 의미 ex)자연스럽고 건강한 미모를 추구한다는 의미로 이를 실현하기 위해서는 자연적 기능과 피부 건강을 고려한 화장품

천지일보(https://www.newscj.com), https://www.lawissue.co.kr/view.php?ud=20230718143814819367191f6c6e_12, https://blog.naver.com/nutricare_official/223380779026

c. 노화 과정을 해킹할 엑소좀 업데이트Exsome Update)

최근 몇 년간 뷰티업계에서화두가 되고 있는 성분이 '엑소좀(Exosome)'이고, 이는 세포 간 신호와 정보 전달에 핵심적인 역할을 하고 있다. 엑소좀은 성장인자, 줄기세포의 기능을 발휘하는 활성물질을 내포하고 있어 피부재생을 돕고 콜라겐 생성을 활성화하며, 흉터와 염증을 감소시키는 역할을 한다. 특정 활성성분을 엑소좀에 포함시켜 표적세포의 안정적으로 전달하고 세포 간 상호작용을 활성화 함으로써 다양한 피부문제를 개선하기 위해 화장품에 사용한다. 이처럼 폭발적인 엑소좀기술에 대해서 전문가들은 이를 화장품에 접목하여 신체의 노화과정을 바이오 해킹할 수 있는 시대가 도래되었다고 보고 있다. 특히 진보한 기술력으로 엑소좀에 성장인자를 비롯해 다양한 활성성분을 함유시켜 피부를 넘어 두피와 모발 재생에 초첨을 맞춘 뷰티제품의 출시가 활발하게 이루어지고 있다.

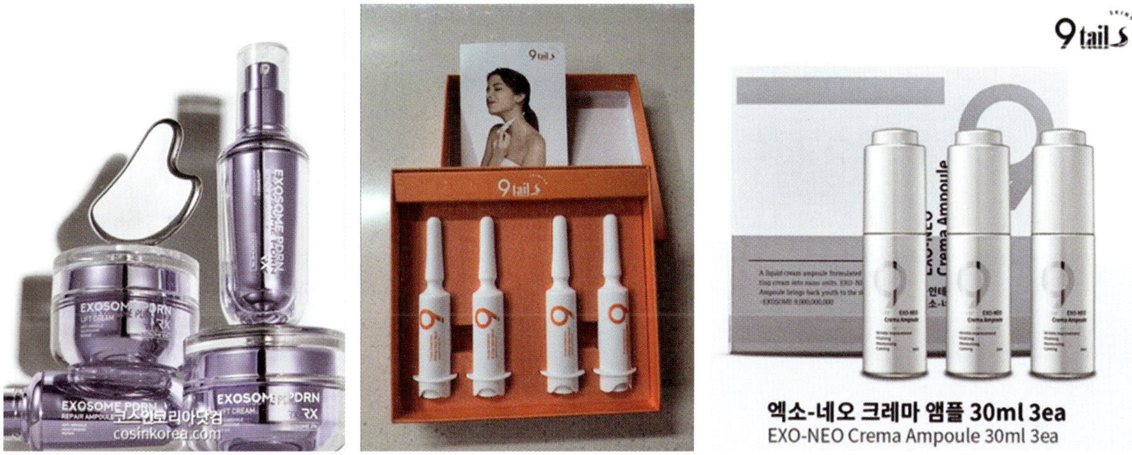

Figure 73. 맥스클리닉 엑소좀 피디알엔 리페어 앰플 & 나인테일즈 어드밴스트 링클넥 세럼
출처: https://www.cosinkorea.com/news/article.html?no=53504, 맥스클리닉, 나인테일즈, 홈페이지

d. 고객 경험을 높이는 마케팅 전략(Beautility)

'상품만 좋으면 팔린다'는 사고방식은 이제 옛말이 되었다. 언제 어디에서든 고객과 만날 수 있는 상황에서 고객의 관심사에 따라 고객 경험을 높이는 '고객 중심 마케팅'이 부상하고 있다. 뷰티업계의 치열한 경쟁과 고객의 눈높이가 높아짐에 최고 수준의 서비스 뿐만 아니라 오롯이 나를 위해 사려 깊은 차별화된 서비스와 경험에 몰두하고 싶어한다. 이를 반영하여 고객 마케팅 전략도 업그레이드 되어야 하며, 고객은 표면적인 혜택 이상의 +알파를 줄 수 있는 새로운 뷰티트렌드즉 '뷰틸리티(Beautility)가 등장했다.

뷰틸리티는의 개념은 뷰티(Beauty)+실용성(Utility)의 합성어로 아름다움과 실용성의 조화로운 융합을 의미하고, 고객 경험의 향상을 통해 성공적인 비즈니스를 이끌어 갈 전략으로 각광받고 있다. 예를들면, 스파 공간을 스타일리시하게 디자인하면서도 더 세련되고 전문적으로 보이도록 하여 스파라는 공간이 주는 미학을 격상시키는 동시에 고객 경험을 개선하고 우리 스파만의 차별화된 전략과 브랜드 가치를 높일 수 있는 마케팅 전략이다. 화장품의 경우는 지속가능한 원료가 함유된 다기능 제품으로 복잡한 피부와 바디 문제를 개선하는 동시에 편안하고 감각적인 경험을 선사하는 것이 핵심이다. 고객의 경험 가치를 높이는 마케팅 전략으로는 차별화 및 개인화된 마케팅, 기업브랜드의 아이덴티디 구축, 감성마케팅, 이용의 편의성 제공, 피드백 수집과 개선, 지속적인 관계 구축 등이 있다.

Figure 74. 고객 경험을 높이는 마케팅 전략

https://biz.newdaily.co.kr/site/data/html/2024/12/18/2024121800263.html

https://blog.naver.com/connect-n/223264224244

e. 후성유전학 기반 예방적 스킨케어(Epigentic Skincare)

신개념의 안티에이징 케어를 위해 뷰티월드가 주목하는 분야가 바로 후성유전학이다. 예를 들어 DNA가 같은 일란성 쌍둥이도 성장배경과 주거환경에 따라 완전히 다른 사람으로 변하듯이 후성유전학이란 타고난 유전자에 의해 결정되는 자질은 우리 몸의 35%에 불과하며 나머지 65%는 삶의 방식에 따라 변할 수 있다고 믿는 학문이다. 다시 말해 미세먼지로 오염된 대기, 오존층 파괴로 인한 강한 자외선 등 도시형 노화로 DNA 손상이 가속화되는 요즘, 피부 재생의 핵심을 DNA 복원에서 찾는 것이다.

후전유전학의 유전자는 생체리듬에 관여하는 단백질들을 조절하게 되면 피부 개선에 도움을 줄 수 있다는 연구가 있다. 특히 후전유전자 중 장수유전자(Sirtuin)는 나이가 들수록 감소하며, 이 유전자는 후천적으로 피부특성을 변화시키며 피부문제에 대한 해결방안을 제시할 수 있어 최근 화장품 분야에서도 집중하고 있는 분야이다. 화장품 분야에서는 후전유전학적 조절을 위해 히알루론산, 에피갈로카테킨 갈레이트(Epigallocatechin Gallate, 녹차에서 발견), 니아신아마이드(Niacinamide) 같은 성분을 통해 노화 관련 유선사 발현을 조절하는 것은 노화 과정을 되돌릴 수 있는 유망한 방법으로 제시하였다. 후성유전학과 관련된 키워드로는 DNA, 안티에이징, 엘라스틴, 피부보습 등으로 타고난 유전자에 따라, 또는 타고난 유전자도 후천적으로 개선 및 향상시켜 결론적으로는 안티에이징에 효과적인 역할을 한다는 것이 후성유전학의 기본 목표라고 할 수 있다.

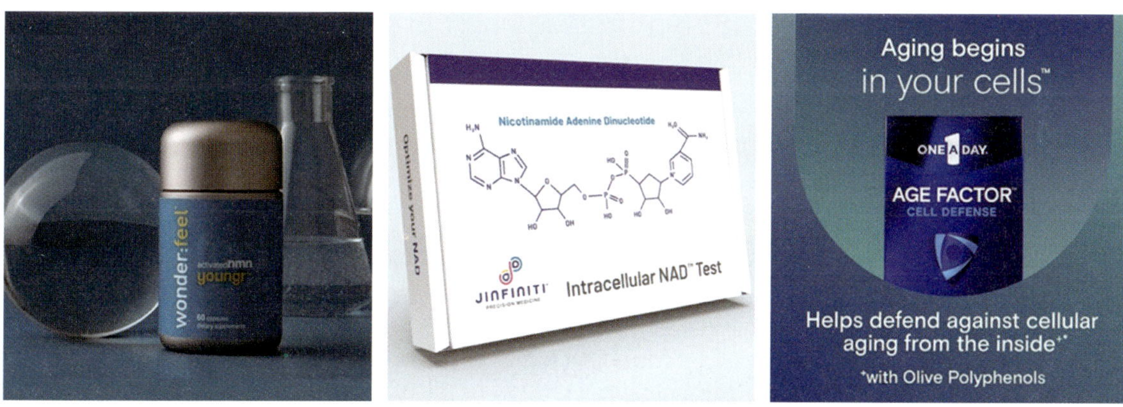

Figure 75. Wonderfeel(하버드대학교 앤드류 살즈먼박사 연구제품으로 최신 황산화제 함유(좌) 보조제/항산화 성분 효과 측정 키트-JINFINITY(중앙)/One a day-Age FatorCell Defense 노화예방 폴리페놀 & 비타민 성분 함유(우)

출처: https://www.yakup.com/news/index.html?mode=view&cat=12&nid=304429(약업신문2024. 12. 30.자 기사(안티에이징 넘어 생물학적 장수의 길로)

f. 더 진보된 마이크로바이옴(Beyond Micro Biome)

최근 몇 년 동안 스킨케어 및 화장품 산업에서는 놀라운 변화가 일어났는데, 대표적인 것이 마이크로바이옴으로 건강, 뷰티, 심지어 환경까지 영향을 미치고 있다. 마이크로바이옴을 쉽게 설명하면, 한마디로 유산균이며, 우리 몸, 특히 장, 피부 같은 곳에 생식하는 미생물들의 집합체라고 할 수 있는데, 이 미생물의 종류로는 박테리아, 바이러스, 곰팡이 등이 포함된다. 해당 성분은 2020년부터 유행했으나 최근에는 더 진보된 마이크로바이옴을 함유한 화장품이 유행하고 있으며 급성장하고 있다.

마이크로바이옴 화장품의 대표적인 특징으로는 장내 유익한 미생물을 활용한 화장품을 개발하는 것이라고 볼 수 있으며, 이는 장내 건강은 물론 피부건강까지 연결되는 것으로 우리 몸의 이너뷰티와도 직접적인 관련이 있다.

화장품 원료로서의 마이크로바이옴의 가치는 피부 균형을 유지하고, 자연친화적이며, 화장품 재료 부문에서 트렌디함이 있다. 이를 활용하여 화장품 업계에서는 개인맞춤형 케어에 도움이 되고, 유전자 분석 기술과 AI의 도움으로 새로운 기술이 발전될 수 있으며, 기후와 환경문제가 대두되고 있는 현대에 지속가능성이 있다고 판단된다.

Figure 76. 마이크로 바이옴 화장품(유이크 마이크로바이옴 대표 제품/(좌)/리클레어(중앙)/마데카더마 비타 브라이트닝 앰플(우)

출처: https://blog.naver.com/ioncosmetic/223694829760

g. 액티브 바디 &두피케어(Active Body & Scalp care)

SNS를 통한 미디어 노출 빈도가 높아지면서 개인의 외모가 경쟁력이 되며 중요성이 부각되었다. 외모 및 자기관리를 위해 그루밍(Grooming)에 대한 열의가 더 높아졌으며 이를 실현하기 위한 바디 케어 & 두피케어가 개인의 이미지를 결정짓는데 중요한 요소로 인식된다. 건강하고 액티브한바디가 되기 위해서는 꾸준한 운동과 지속적인 건강관리, 디톡스 및 다이어트 등이 필요하고, 세부적인 페이셜관리로는 안티에이징, 주름, 피부 보습 등이 중요하다. 또한 외적이미지를 결정하는 요인으로는 두피케어를 통한 풍성한 모발관리가 매우 중요하다고 볼 수 있기에 탈모관리에 집중할 필요가 있다. 머리숱의 여부 또한 바디 실루엣의 체형관리에 따라 동안과 노안으로 보여지기 때문이다.

현대인은 다양한 유해한 환경 속에서 살아간다. 각종 스트레스, 유전 및 환경적인 요인, 호르몬의 변화, 노화, 라이프스타일, 식습관, 음주흡연 여부 등에 따라 탈모로 부터 자유롭지 않은 경우가 많다. 따라서 이를 개선하기 위해 꾸준한 자기관리를 위한 운동과 탈모관리가 중요한데. 개인의 체질과 특성, 건강 등을 고려한 개인 맞춤 프로그램의 수립 및 활성화가 필요하다.

Figure 77. 액티브 바디 및 두피케어를 위한 노력(헬스 & 러닝(좌)/탈모예방샴푸(중앙)/스캘프 샴푸(우)

출처: 셔터스톡, TS샴푸, 웰라 홈페이지

6. 메이크업 트렌드

메이크업 트렌드는 당해에 유행하는 메이크업 산업분야의 전반적인 트렌드 즉, 유행 및 경향을 반영한 메이크업 테크닉, 메이크업 제품의 출시와 선호도, 뷰티산업의변화 및 발전 등에 대한 총체적인 흐름을 파악하는 것이다. 모든 메이크업 트렌드는 컬러트렌드및 패션트렌드 등과 관련이 깊고, 2025년 메이크업 트렌드는 당해의트렌드 컬러인 '모카 무스(Mocha Mouse)'의 영향을 받지 않을 수 없다. 이를 반영하여 화장품 업계에서도 모카 무스 색상을 활용하여 색조메이크업 제품을 선보이고 있는데, 유사한 색상으로 톤의 변화, 명도의 변화를 주어 다양하게 출시하고 있다.

2025년에 유행하는 메이크업은 모카 무스메이크업, 드뮤어메이크업, 도우인메이크업, 딸기 메이크업, 팝 컬러 메이크업, Y3K 메이크업 등이 유행할 것으로, 메이크업 분야도 전체적인 뷰티트렌드와 마찬가지로 지구환경을 고려한 '얼쓰뷰티', ´클린뷰티', '컨셔스 뷰티', '비건 뷰티', ´에코 뷰티' 등을 반영하여 지속 가능한 환경 문제에 중점을 둘 것으로 본다.

2025년에도 건강하고 아름다운 피부표현을 위해서 깨끗하고 광채 나는 피부 화장법으로 가벼운 텍스처의 제품 사용이 증가할 것으로 전망하며, 패션 유행 키워드가 미니멀리즘 이듯 메이크업도 이를 반영하여 제품 사용의 미니멀리즘과 메이크업 방법에도 적용할 것으로 예측한다.

Figure 78. 2025 유행 메이크업6

1 2025 유행 메이크업6

a. 모카 무스 메이크업(Mocha Mouse Makeup)

2025 팬톤이 선정한 트렌드 컬러 '모카 무스'컬러를 활용한 메이크업이 유행할 전망이다. 모카 무스 색상은 브라운 계열로 고상한 이미지를 주는 색상이다. 브라운 색상이 주는 특유의 소박하고 편안하며 차분한 이미지를 메이크업에 반영하여 심플하지만 밋밋하지 않고 부드러우며 세련된 메이크업 연출이 가능하다. 브라운 색상은 동양인의 노르스름한 피부톤에 가장 잘 어울리는 색상이기도 하고 무난하게, 보편적으로 선택하는 색상이기도 하다.

Figure 79. 모카 무스 메이크업

출처: https://www.chosun.com/special/boutique/boutique-beauty/2025/01/30/QMNDFJWF3BEDZP4RTVC3C2R5WE/?utm_source=naver&utm_medium=referral&utm_campaign=naver-news, https://blog.naver.com/thehigh_beauty/223709127131

Figure 80. 모카 무스 메이크업

출처: 박신혜/고민시/문가영/김태리 SNS

b. 드뮤어 메이크업(Demeur Makeup)

뷰티 속에 스며든 '미니멀리즘'으로 피부 본연의 건강함을 강조하기 위한 화장품, 수정 화장의 번거로움을 최소화하는 지속력 높은 제품이 유행할 전망이다. 지난 패션업계를 휩쓴 자연스럽고 절제된 스타일의 '드뮤어(Demeur)' 룩 열풍에 이어 뷰티 역시 '미니멀리즘'과'덜어냄의 미학'을중시하고 있는 모습이다(※드뮤어뜻: 얌전한, 조용한, 수줍어하는 등). 피부표현 방법으로는 '속광', '깐 달걀' 등 피부 본연의 건강함을 강조하기 위한 화장품이 인기를 끌

것이며, 화장도 효율적인 방법으로 메이크업 시간을 단축할 수 있는 셀프 뷰티템의 수요가 지속될 전망이다. 스피디하고 간편한 뷰티템 활용 메이크업 방법으로는 일명 아이돌 속눈썹으로 불리는 '가닥 속눈썹' 이 지난해 인기가 많았는데 올해는 진화된 형태로 시간을 단축하기 위한 것 그리고 인체에 유해한 성분의 사용을 줄이기 위한 방법의 일환으로 접착제(글루)없이 간편하게 붙이는 '노 글루 속눈썹' 이 수요가 높을 전망이다.

드뮤어의 특징은 과하지 않는 아름다움, 자연스러운 피부결과 은은하게 빛나는 광채가 핵심이다. 이를 위해 꾸준한 자기관리가 필수적이며, 메이크업 방법도 피부 속에서부터 우러나오는 '속광' 메이크업으로 색조는 강하지 않게 심플하게 표현하는 것이 드뮤어 메이크업의 핵심이라고 할 수 있다.

Figure 81. 드뮤어 메이크업

출처: https://kr.pinterest.com/pin/25614291624575698/, https://kr.pinterest.com/pin/192951165280381686/, https://kr.pinterest.com/pin/283726845271606824/

c. 도우인 메이크업(Makeup)

도우인(抖音)은 중국어로 'shaking sound'를 뜻하는 중국 메이저 플랫폼으로 사용자가 직접 촬영하고 편집한 영상을 업로드하고 공유하는 서비스를 제공하는 시스템으로 중국판 틱톡이다.

도우인 메이크업은 몽환적이고 환상적인 메이크업으로 일명 MZ 메이크업, 애교살메이크업, 일진 메이크업이라고도 한다. 피부표현은 매트하게 하고 눈 앞머리는 골드 펄을 이용하여 눈이 커보이게 트임 처리하며 입술은 볼륨감 있게 오버립으로 글로시하게 표현하여 인형 같으며 신비로운 이미지를 연출하는 것이 특징이다. 인형 같은 눈매를 연출하기 위해서 아이메이크업으로 긴 인조 속눈썹을 붙이고 눈 밑 애교살을 그려 전체적으로 볼륨감 있는 이목구비를 표현한다. 치크는 얼굴형에 따라 애플 Zone 또는 눈 아랫부분부터 바로 연결하여 아이섀도가 눈과 볼에 물든 듯하게 색조를 표현하다 전체적으로 은은하게 표현한다. 또 다른 특징으로는 얼굴의 중안부가 짧아 보이게 콧망울 끝에 치크컬러를 터치하여 어려보이는 동안 이미지를 연출한다. 이 메이크업은 틱톡, 인스타그램 등의 SNS에서 흥행하여 MZ 세대는 물론 아이돌 메이크업으로도 자주 활용된다.

Figure 82. 도우인 메이크업

출처: https://kr.pinterest.com/pin/342836590401684049/, https://kr.pinterest.com/pin/14847873765895957/, https://kr.pinterest.com/pin/15621929950592141/

d. 딸기 메이크업(Strawberry Makeup)

중국에 도우인 메이크업이 있다면 한국에는 딸기를 닮은 딸기 메이크업이 유행이다. 이는 상큼한 딸기처럼 윤기 나는 레드빛 컬러 메이크업으로 강렬한 립, 콕콕 찍은 주근깨로만 완성했었던 지난해와 달리 2025년에는 우유 한 방울 섞은 듯한 뽀얀 딸기 메이크업이 유행할 전망이다. 전체적으로 얼굴의 색감을 부여하기 위해서 블러셔 색상이나 방법이 눈에 띄게 부각되는데 이는 곧 블러셔의 다양한 제품 출시와 수요가 증가하는 것과 직결될 것이다. 메이크업의 특징으로는 아이메이크업의 힘을 빼면서 블러셔를 이용해 때로는 청순하게 때로는 도발적으로 표현하는 치크 메이크업이 부각되고, 두 뺨만 물들이는 블러셔 메이크업은 이제 식상하기에 블러셔를 양쪽 볼과 콧대를 연결하여 칠하거나 눈 밑부분을 중점으로 붉게 발라 술을 마신 듯 발그레하게 연출하는 것이 메이크업법의 핵심이다. 하지만 이 메이크업은 중국의 도우인 메이크업보다는 눈매 표현이 다소 자연스럽고 색조도 대체적으로 과하지 않은 것이 특징이다.

Figure 83. 딸기 메이크업

출처: 뉴진스 해인, 민지, 다니엘, 하니 SNS

e. 팝 컬러 메이크업(Pop Color Makeup)

얇고 깨끗한 피부 표현으로 본연의 주근깨, 점, 피부결 등을 자연스럽게 노출하는 경향은 올해에도 지속될 전망이다. 여기에 평범한 색상이 아닌 대담한 컬러, 팝아트적인 색상을 활용한 개성 있는 아이 메이크업의 변화가 시작되고 있다. 이는 어정쩡한 입술 표현은 더는 새로워 보이지 않아 하이라이터로 피부에 예쁜 광과 입체감을 부여하고, 이를 아이 메이크업에도 활용해 포인트를 주거나 블러셔와 함께 사용하면 더욱 조화롭고 트렌디한 메이크업으로 표현된다. 또한 눈두덩에 스며든 파스텔 컬러부터 핏빛으로 물든 립스틱, 빛의 음영을 담아낸 광채 피부까지. 이번 봄 눈여겨볼 메이크업 룩 3가지, 탕후루를 연상시키는 하이퍼 글로시 립스틱이 유행할 전망이다.

Figure 84. 팝 컬러 메이크업

출처: allurkorea.com.2025.2.2.자 기사 2025 S/S 메이크업 트렌드 따라잡기

f. Y3K 메이크업(Y3K Makeup)

Y3K 메이크업은 2000년대 초반에 유행했던 Y2K 메이크업이 미래지향적인 스타일이 추가되어 3000년대 퓨처리스틱한 새로운 트렌드의 메이크업을 의미한다. 한마디로 정의하면, 실버와 블랙, 반짝이는 글리터를 사용한 사이버틱한 전사룩에 어울리는 메이크업으로 메탈릭한 컬러인 실버, 블루 등의 컬러와 빅 사이즈의 글리터, 유니크한 색상으로 메이크업을 하여 마치 디지털 세상 속을 반영한 듯한 독특하고 매력적인 룩에 어울린다.

Figure 85. 팝 컬러 메이크업

출처: ahttps://blog.naver.com/doublesholdings/223688907786

2 2025 뷰티 아이템 트렌드

해마다 트렌드가 바뀌듯이 유행하는 아이템도 변화가 있다. 2025년에 뷰티분야 유행할 아이템을 5가지로 제시한다. 종류로는 올해 트렌드 컬러인 모카 무스 메이크업 제품, 노글루 인조속눈썹, CDK 괄사 목주름 크림, 딸기 메이크업 제품, 글리터 및 펄이 유행할 것으로 전망한다.

a. 모카 무스 메이크업 제품

모카 무스 색상은 카페에서 막 내린 듯한 에스프레소의 부드러운 크레마와 부드러운 밀크 초콜릿의 풍미처럼 한없이 밀키하고 크리미한 달콤한 브라운 계열의 메이크업이다.

Figure 86. 모카 모스 메이크업 제품

출처: https://www.highcut.co.kr/34/?bmode=view&idx=139738024, 페리페라, 맥 홈페이지, twoslashfour.com(이사베)

b. 노 글루 인조 속눈썹

기존 인조 속눈썹은 글루를별도로 사용하여 속눈썹을 부착하였는데, 이를 보완한 제품으로 접착제(글루)가 없는 노 글루인조 속눈썹으로 곰손도쉽고 빠르게 붙일 수 있다는 장점이다. 속눈썹의 연출효과는 청순하고 깊어 보이며 그윽한 눈매, 매력적인 인형 눈매를 완성해준다.

Figure 87. 노 글루 인조 속눈썹

출처: 미브린 홈페이지

c. CDK 괄사 목주름 크림

얼굴 나이는 속여도 손과 목의 나이는 속일 수 없다는 말이 있다. 목주름 개선을 위해 종근당 제약에서 출시한 괄사 목주름 크림이 젊어 보이는 목 주름을 관리하는 데 효과적이다.

목 피부는 피하지방층이 얇고 고개를 숙여 스마트폰과 모니터를 보는 등의 잘못된 습관으로 나이와 관계없이 주름이 생기기 쉬운 부위로 이를 개선하기 위한 목 전용 괄사 목주름 크림이 개발되었다. 이 제품에는 피부의 탄력을 유지하는 콜라겐이 함유되어 있어 목주름을 개선하고 마사지를 함으로써 피부 혈행개선과 보습 100시간을 유지시켜 주는 크림이다. 사용방법으로는 얼굴 부분은 물론이고 페이스 라인과 테콜테 부위까지 괄사크림으로 관리하면 피부의 탄력까지 개선 가능한 제품으로 올해 유행할 전망이다.

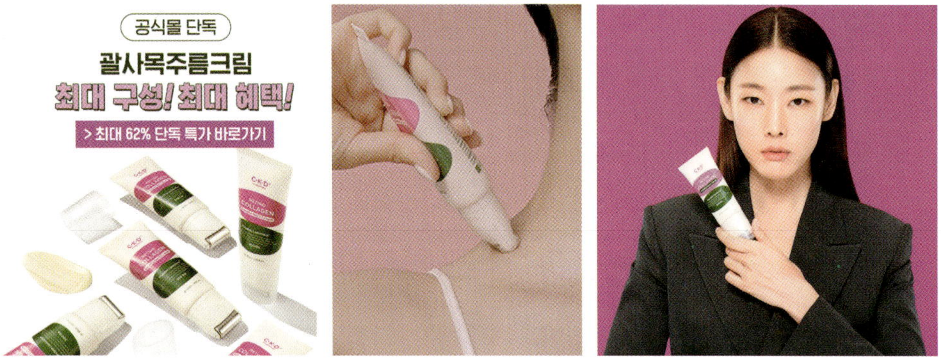

Figure 88. CDK 괄사 목 주름 크림

출처: 종근당 홈페이지

d. 딸기 메이크업 제품

우리가 흔히 예쁜 것을 과일에 비유하는 경우가 많다. 사과처럼 예쁜 얼굴, 레몬처럼 상큼한 사람, 딸기처럼 귀엽고 사랑스러운 얼굴 등으로 딸기라는 과일은 우리에게 친숙하고 귀엽고 사랑스러운 이미지이다. 2025년 유행 메이크업의 하나인 딸기 메이크업은 촉촉하고 글로시하며 핑크, 레드 계열의 난색 컬러와 입자 고운 펄이 가미된다.

Figure 89. 딸기 메이크업 제품

출처: https://blog.naver.com/lsg9781/223354484283, 페리페라, 롬앤, 샤넬, 홈페이지

e. 글리터와 펄의 활용

2025년에는 지난해와 마찬가지로 글리터와 다양한 펄이 더욱 활용될 것으로 예측한다. 글리터나 펄의 활용은 반짝이거나 화려한 이미지를 표현할 때 주로 사용하고, 눈, 입술, 얼굴 어디에든 덧바르면 화려한 빛을 발하여 트렌디하고 개성이 어필되며 화려하며 글로시한 메이크업 연출에 중요한 아이템이다.

Figure 90. 글리터와 펄

출처: https://m.post.naver.com/viewer/postView.naver?volumeNo=37130838&memberNo=38766620, amazon

7. 헤어 트렌드

외적으로 보여지는 헤어 이미지는 패션과 마찬가지로 뷰티 이미지를 결정짓는 메이크업과 같이 유행할 헤어 스타일을 예측하게 되는데 이것을 일명 헤어 트렌드라고 한다. 보편적으로 헤어 트렌드는 세계 4대 컬렉션에서 보여지는 모델들의 뷰티스타일에서 예측할 수 있으며, 이를 반영하여 헤어 분야의 메이저 브랜드 전문가들이 당해의 트렌드를 결정하는 경우가 많고, 유행할 헤어 컬러도 팬톤에서선정한 대표 컬러가 헤어 트렌드에 접목되어 유행 헤어 컬러로 부상하게 된다. 헤어 트렌드는 헤어스타일링 뿐만 아닌 관련 제품, 서비스 산업 등의 동향이나 흐름도 포함된다. 헤어 트렌드는 패션, 컬러, 메이크업 트렌드와도 밀접한 관련이 있어, 2025년에 부각되는 트렌드는 미니멀리즘으로 헤어 분야에서도 미니멀한 스타일의 추구 현상이 나타나며, 그 예시가 단발머리이다. 세계가 주목하고 있는 2025년 헤어 트렌드는 7개로 축약되며, 유리알 헤어, 칼단발 헤어, 옆 가르마, 테디 베어 컬러, 통통 튀는 웨이브 헤어, 버킨 뱅 헤어, 펩타이드로 부드럽고 풍성한 헤어이다.

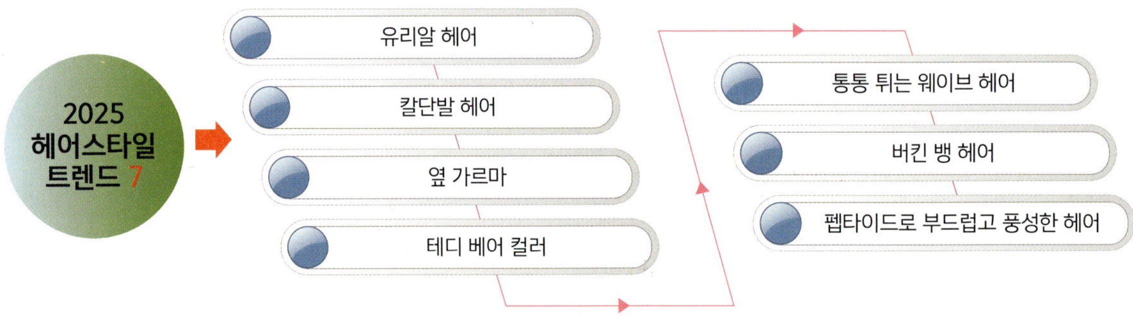

Figure 91. 2025년 헤어 트렌드7

출처: VOGUE 2025. 1. 8.자 기사. 세계적으로 유행할 2025 헤어 트렌드7

1 2025년 유행할 헤어 트렌드

a. 유리알 헤어

어떤 헤어스타일이든 2025년에 가장 기본적으로 갖춰야 할 조건이 있다면 윤기가 흐르는 건강한 모발이다. 메이크업을 하기 위한 피부도 쫀쫀하고 매끌매끌한 것이 유행이듯이 헤어도 일명 '유리알 피부'의 유행으로 밀접한 영향을 미치고 있다. 윤기와 광택이 있는 모발은 웨이브부터 스트레이트 스타일에 이르기까지 모발 자체가 건강할 때 시너지 효과가 좋다. 사실 윤기 있는 모발은 지난해의 리퀴드 헤어 트렌드와 크게 다르지 않고 그 흐름이 연결된다고 보면 된다. 유리알 헤어를 위해서는 트리트먼트, 클리닉 제품 등을 충분히 사용하여 모발의 광채와 영양을 공급하여 윤기나는 모발이 유행할 전망이고, 물미역 헤어 클리닉과 결이 비슷하다고 볼 수 있다.

Figure 92. 유리알 헤어(쏘미미 헤어클리닉)

출처: https://blog.naver.com/onedayoneceo/223752274548, https://blog.naver.com/mim3333/223037498659, 쏘미미헤어클리닉

b. 칼단발 헤어

지구가 멸망해도 없어지지 않는 헤어스타일 중 하나가 단발머리이다. 이 헤어스타일은 이미지 변화를 주고 싶을 때 즐겨찾는 스타일 중 하나이기도 하고, 해마다 SS 시즌이 되면 항상 트렌드로 부각되는데, 길이와 질감, 컬러의 변화로 꾸준하게 인기를 얻고 있는 클래식한 헤어 디자인이다.

2025년 패션에 미니멀리즘이 유행하면서 헤어스타일도 칼단발 즉 똑반발 헤어가 유행할 전망이다. 이 스타일은 얼굴형과 이미지에 따라 어울리는 단발머리의 디자인이 다르다. 올해는 완벽하게 트렌디한 단발 길이는 바로 턱 끝으로 똑 떨어지는 칼단발이 유행할 전망으로 얼굴형에 따라 레이어드 커트를 하거나 웨이브를 주어 여성스러움을 부각시킬 수도 있지만 무엇보다도 단발머리가 주는 특유의 이미지로 산뜻하면서 깔끔한 길이를 유지하는 것이 중요하다. 칼단발은 웨이브가 없는 스트레이트이므로 얼굴형의 굴곡이 없는 경우 잘 어울리고 세련되고 깔끔한 이미지가 있다. 하지만 각진 얼굴형이나 굴곡이 있는 경우는 똑단발의 이미지가 다소 날카로워 보이고 얼굴형의 단점이 부각되어 추천하지 않는다.

Figure 93. 칼단발 헤어

출처: 고민시, 박보영, 이보영, 설인아 SNS

c. 옆 가르마

2024년까지 동안 이미지와 러블리한 이미지를 주는 5:5 가르마의 웨이브 헤어가 지난 몇 년간 숱한 여성의 마음을 빼앗았다면 이번엔 옆 가르마 헤어가 유행할 예측이다. 옆 가르마를 하면 두정부의 얇은 모발을 보완하고 풍성한 헤어스타일을 쉽게 연출할 수 있고, 이목구비가 더 부드럽게 보이는 장점이 있으며, 지적이고 세련되며 성숙한 이미지가 느껴진다.

Figure 94. 가르마의 변화

출처: 블랙핑크 지수, 김지원 SNS

Figure 95. 가르마의 변화(가운데 가르마 & 옆 가르마)

출처: 블랙핑크 제니, 한소희 SNS

d. 테디 베어 헤어 컬러

올해 주목할 만한 헤어 트렌드의 두드러진 특징은 어느 때보다 자연스러운 헤어스타일을 선호하는데 대표적인 컬러가 브라운이다. 브라운 색상의 조합은 노랑+블랙+레드가 믹스된 색상으로 팬톤이 선정한 2025년 트렌드 컬러인'모카 무스'와 유사 계열로 마치 테디 베어 인형 색상이 유행할 전망인데, 이 색상은 따뜻한 브라운으로 베이지 색상과 아주 자연스러우며 세련되게도 잘 어울리는 조합이다.

Figure 96. 테디 베어와 팬톤의 모카 무스

출처: https://kr.pinterest.com/pin/226517056253739120/, https://kr.pinterest.com/pin/3729612255567104/(팬톤2025 대표 컬러 모카 무스), https://kr.pinterest.com/pin/190206784257754155/

e. 통통 튀는 웨이브 헤어

얼굴형의 단점을 보완하고 웨이브 헤어는 이목구비가 돋보이고 볼륨감으로 인해 인상이 부드러워 보이고 화려하며 여성스러운 이미지를 부여해준다. 헤어스타일링 시 웨이브를 얼굴 어느 위치에 주느냐에 따라 얼굴 이미지가 조금씩 다르게 보인다.

2025년에는 모발 끝 쪽으로 내려갈수록 웨이브가 탄력있는 헤어스타일이 유행할 전망인데, 루즈한 웨이브보다는 건강하고 탱글한 모발만이 가능한 통통 튀는 웨이브 헤어가 인기를 얻을 것으로 예측한다. 이 말은 즉 건강한 모발과 직접적인 관련이 있기에 꾸준한 모발관리가 중요하다

Figure 97. 통통 튀는 웨이브 헤어

출처: https://kr.pinterest.com/pin/839780661803513189/, https://kr.pinterest.com/pin/657877458099669447/, https://kr.pinterest.com/pin/2744449768317796/, https://kr.pinterest.com/pin/1031605858395017555/

f. 버킨 뱅

헤어스타일의 변화는 대부분 앞머리인 뱅과 옆머리가 이미지를 결정하는 데 중요한 역할을 한다. 2025년에는 자연스럽고 묵직한 앞머리의 대명사인 버킨 뱅이 유행할 전망이다. 원래 제인 버킨의 본명은 제인 맬러리버킨으로 1946년생 잉글랜드 런던의 싱어송라이터, 배우, 모델이며 패셔니스타로 자기 개성이 뚜렷한 여성이다. 버킨뱅은 앞머리가 눈썹 아래로 내려오며 약간 흐트러져 있고, 뭉턱하거나 딱 떨어지는 느낌이 아닌 자연스럽게 흐르는 듯한 곡선의 뱅이 특징이다. 버킨뱅은 무게감이 있어 짧은 머리보다는 주로

긴머리에 잘 어울리고, 1960~1970년대 프렌치 시크 스타일에서 영감을 받았으며, 특히 제인 버킨 같은 패셔니스타들이 사랑했던 스타일로도 유명하여 일명'버킨 뱅'이 되었으며 이 스타일은 패션스타일에 따라 빈티지와 현대적인 세련미가 동시에 있는 것이 장점이다.

Figure 98. 통통 튀는 웨이브 헤어

출처: https://ko.wikipedia.org/wiki/%EC%A0%9C%EC%9D%B8_%EB%B2%84%ED%82%A8(네이버 위키백과(제인 버킨), https://blog.naver.com/bukkyou/223719953800 ,https://blog.naver.com/bukkyou/223719953800, https://kr.pinterest.com/pin/41658365297663028/, https://kr.pinterest.com/pin/57209857759721205

g. 펩타이드로 부드럽고 풍성한 헤어

펩타이드가 스킨케어 루틴의 주요 성분으로 떠오르며 페이스 크림과 세럼 제형을 풍부하게 하는 것처럼 헤어제품에도 적용이 되었다. (※펩타이드: 2개 이상의 아미노산으로, 효능은 피부노화 개선 효능, 피부 재생 촉진, 근육성장 및 회복촉진, 면역 체계 강화 기능이 있음)

2025년은 헤어 케어 라인에서도 펩타이드가 함유된 제품이 인기 두피와 모낭을 강화하여 윤기 있는 모발을 만들어주고 덜 손상되게 모발을 보호하며, 모발 건강을 최우선으로 하는 올해 헤어 트렌드에 발맞춰 탈모 예방 및 개선에 영향을 미친다.

Figure 99. 펩타이드로 부드럽고 풍성한 헤어

출처: 엘라스틴 홈페이지, 따봉카라 부활연구소

2 2025년 여성 헤어스타일 트렌드

2025년 여성 헤어스타일 트렌드는 커튼 뱅(Curtain Bangs), 칙본 밥(Cheekbone Bob, 미디 플릭(Midi Flick), 믹시 컷(Mixie Cut) 크게 4가지로 구분된다. 추가적으로 올해 트렌드 컬러인 모카 무스를 활용한 헤어컬러도 유행할 전망이다.

Figure 100. 2025년 헤어 트렌드

출처: 엘라스틴 홈페이지, 따봉카라 부활연구소

a. 커튼 뱅(Curtain Bangs)

뱅(Bang)은 앞머리를 의미하고, 머리 길이에 변화를 주고 싶거나 기존의 컷 형태를 크게 변형하고 싶지는 않지만 새로운 트렌드를 반영하고 싶다면 커튼 뱅을 추천한다. 커튼 뱅은 앞머리 중앙을 기준으로 커튼처럼 양쪽으로 부드럽게 가르거나 살짝 옆으로 자연스럽게 넘기는 스타일을 말한다. 커튼 뱅을 연출하기 위해서는 앞머리를 드라이기로 말려주면서 손으로 웨이브를 주면 자연스럽게 스타일이 형성된다. 이 스타일이 어울리는 얼굴형은 기본형, 둥근형, 이마가 넓고 긴 얼굴형에 잘 어울린다.

Figure 101. 커튼 뱅

출처: https://kr.pinterest.com/pin/3096293489917160/ , https://kr.pinterest.com/pin/73957618875837568/, https://kr.pinterest.com/pin/890446157576784331/, https://kr.pinterest.com/pin/721842646556061368/

b. 칙본 밥(Cheekbone Bob)

칙본(Cheek Bone)은 광대뼈를 의미하고, 밥(Bob)은 단발머리를 뜻한다. 즉 칙본 밥은 '광대뼈 단발'을 의미한다. 칙본 밥은 칼단발 또는 똑단발을 의미하고, 광대뼈 라인을 감싸고 턱선 밑으로 떨어지는 세련된 이미지의 커트가 특징이며 얼굴 윤곽을 강조하는 스타일이다.이 헤어스타일은 층을 내거나 컬로 얼굴을 감싸지 않고 얼굴형을 그대로 드러내기 때문에 광내뼈가 돌출된 사람은 그다지 추천하지 않는다.

Figure 102. 칙본 밥

출처: https://kr.pinterest.com/pin/1055109018950238093/, 고준희, 손담비, 유이 SNS

c. 미디 플릭(Midi Flick)

미디 플릭은 중단발길이(Midi)에 자연스러운 레이어 커트가 바깥 방향의 컬(Flick)이 더해진 스타일을 의미한다(※플릭(Flick): (손가락 등으로) 튀기다, 털다). 단발에서 점점 자라 중단발이 되면 손질하기 어려운 길이감이 되는데 바로 그 헤어스타일이 미디 플릭헤어이다. 단발에서 중단발로 넘어가는 과정에서 어색하지 않게 연결해 주기 때문에 칙본 밥 이후 자연스럽게 이어갈 스타일로 제격이다. 이미지로는 무거워 보이지 않도록 겹겹이 레이어의 형태로 커트하여 자연스러운 웨이브를 연출할 수 있다.

Figure 103. 미디 플릭

출처: https://kr.pinterest.com/pin/692217405260027847/, https://kr.pinterest.com/pin/1143421792895022756/, https://kr.pinterest.com/pin/937522847435396541/,https://kr.pinterest.com/pin/586805026483089721/

d. 믹시 컷(Mixie Cut)

믹시컷은 대담함과 부드러운 실루엣이 공존하는 컷으로 풍성한 질감과 마이크로한 길이감을 결합한 스타일로 대담해 보이고 쿨한 느낌을 주는 헤어 커트이다. 이 커트는 울프컷과 픽시컷의 장점을 결합한 독창적인 스타일로 짧은 길이에서 중간 길이로, 앞머리와 옆머리를 길게 남기고 뒷머리는 짧게 정리하여 자연스러운 균형감을 형성한다. 믹시 컷은 멀릿(mullet)과 픽시(pixie)의 합성어로 두 고전적인 스타일을 혼합한 믹시컷이 떠오를 예정이고, 어울리는 얼굴형: 둥근형, 긴 얼굴형 등이다.

Figure 104. 믹시 컷/울프 컷/픽시 컷

출처: https://blog.naver.com/avidasun/223685401362, https://kr.pinterest.com/pin/145663987914093331/,

Figure 105. 믹시 컷

출처: https://kr.pinterest.com/pin/462533824250487894/, https://kr.pinterest.com/pin/59602395062638429/, https://kr.pinterest.com/pin/312507661663384939/

3 2025년 남성 헤어스타일 트렌드

여성 헤어 트렌드가 있듯이 남성들이 선호하는 유행하는 헤어 트렌드를 총 5가지로 구분하며, 종류로는 버즈 컷, 가일 컷 & 가일 펌, 시스루 댄디펌, 베이비 펌, 애드펌이 있다.

a. 버즈 컷(Buzz Cut)

세계적인 인기를 누리는 보이그룹 '스트레이키즈'의 멤버 현진의 파격적인 '반삭'(일명 까까머리)머리가 전세계의 팬들을 놀라게 했다. 현진의 긴 머리는 그의 트레이드 마크 중 하나로 부드러운 카리스마를 강조하는 중요한 스타일링 요소였다. 하지만 이번 변신은 전혀 새로운 이미지를 만들어냈는데 짧아진 머리카락과 날렵한 조각 페이스 라인이 조합되며, 더욱 강렬하고 세련된 분위기를 완성했다. 현진 특유의 신비롭고 감각적인 젠더리스 뷰티에 남성적인 강렬함이 더해진 이 스타일링은 반삭이 패션과 뷰티의 아이코닉한 스타일이 될 수 있음을 증명했다.

Figure 106. 버즈 커트(스트레이 키즈의 보이 그룹 중 현진)

출처: https://www.chosun.com/special/boutique/boutique-beauty/2025/01/31/5433TYZ4GJFZHOUDIC3BCU237Q/?utm_source=naver&utm_medium=referral&utm_campaign=naver-news(조선일보 2025. 2. 3.자 기사. 스트레이키즈현진이 쏘아 올린, 남자 반삭 '버즈컷'유행

Figure 107. 버즈 컷

출처: 도경수, 유아인, 박서준(https://www.topstarnews.net/news/articleView.html?idxno=694502), 조세호 sns

b. 가일 컷 & 가일 펌(Guile Cut & Guile Perm)

가일 펌은 일본에서 유행하던 스타일로 원래는 게임의 등장인물 '가일' 에서 유래되었다. 가일 컷과 가일 펌은 가르마를 반듯하게 나누는 방식으로 깔끔한 이미지를 강조할 수 있지만 얼굴형 이미지와 스타일 방법에 따라 다소 올드해보일 수 있다는 단점이 있다. 가일 이미지는 클래식하고 댄디한 정장 및 세미정장 즉 차려입은 스타일에 잘 어울리고, 가일 펌을 하게 되면 이미지가 훨씬 부드러워지며 주로 K-POP 아이돌 사이에서 인기를 끌며 유명해진 헤어스타일이다.

Figure 108. 가일 컷 & 가일 펌

출처: 박서준 sns

Figure 109. 가일 컷 & 가일 펌

출처: 장기용, 송강, 이준호 sns

c. 시스루 댄디 펌(Seethrough Dandy Perm)

시스루(See through)는 얇고 비치는 소재를 사용하여 피부를 드러내는 실루엣이나 스타일을 의미한다. 시스루 댄디 펌은 시스루 컷+펌의 결과물로, 앞머리는 시스루 스타일로 두정부에 펌 웨이브로 볼륨을 표현한 스타일이며 자연스러운 웨이브로 러블리한 남성 이미지 연출에 좋은 펌이다(※댄디하다: 깔끔하고 세련되며 도회적인 느낌이 있다는 표현)

Figure 110. 시스루 댄디 펌

출처: 송강, 차은우, 남주혁 sns

d. 베이비 펌(Baby Perm)

남성 펌 중 웨이브가 강한 펌으로 2025년 유행할 베이비 펌은 얼굴형에 어울리는 가르마를 타서 웨이브를 만드는 펌이다. 너무 짧은 머리 길이보다는 어느 정도 길이감이 있어야 웨이브가 자연스럽게 표현되며, 짧은 스타일에 펌을 하면 웨이브가 강하고 어색하다. 이 펌은 긴 얼굴을 커버하기 좋고 자유분방함과 개성을 표현하고 귀여운 이미지 연출에 적당한 펌이다.

Figure 111. 베이비 펌

출처: 김우빈, 최우식, BTS 뷔 sns

e. 애드 펌(Add Perm)

애드펌은 한마디로 뿌리 볼륨펌이다. 애드 펌은 다른 펌을 하면서 뿌리 쪽 볼륨을 살리기 위해서 병행할 수도 있는 펌으로 유행을 타지 않는 자연스러운 웨이브 펌이다. 애드펌을 할 때 가르마의 비율을 5:5, 6:4 등으로 탄 후 뿌리 부분의 모발부터 바깥 방향으로 컬을 만드는 펌을 하여 남성의 M자 이마를 커버해주는 장점이 있고 세련된 이미지 연출에 좋은 펌이다.

Figure 112. 애드 펌

출처: 공유, 여진구, 지창욱, 추영우 SNS

8. 네일 트렌드

네일은 손톱이나 발톱을 미적으로 표현하고 관리하는 것으로 단순하게 매니큐어를 바른 것이 아니라 예술적인 표정을 손톱에 표현하는 것이다. 네일아트는 손 · 발톱을 관리(Manicure & Pedicure)하고 인조손 · 발톱을 붙이며 아름답게 꾸미는 미적활동을 통해 손 · 발톱과 주변의 피부를 건강하고 아름답게 가꾸는 것이다.

네일 트렌드는 당해에 유행할 네일 디자인이나 네일 산업 트렌드와 흐름을 의미한다. 네일 트렌드는 외적인 이미지를 결정하는 하나의 수단으로 메이크업과 헤어, 패션스타일과 같이 컬러 트렌드의 영향을 받고, 뷰티 및 패션스타일과도 직접적인 관련이 깊다.

2025년 네일 트렌드는 팬톤이 선정한 올해의 트렌드 컬러인 무카 무스(Mocha Mouse)가 유행할 전망이다. 유행할 네일 디자인은 4대 패션위크에서 선보인 패션 스타일이 반영이 되고, 전년도 네일 디자인이 일부 이어지기도 하며 세부적으로는 9가지로 구분한다. 아이스 블루 네일, 올리브 그린 네일, 프렌치 네일 아트워크 네일, 눈송이 네일, 크롬 네일, 아가일 체크 네일, 레드 네일, 모카 무스 네일이 2025년도의 네일 디자인의 트렌드를 책임질 것이라 예측한다.

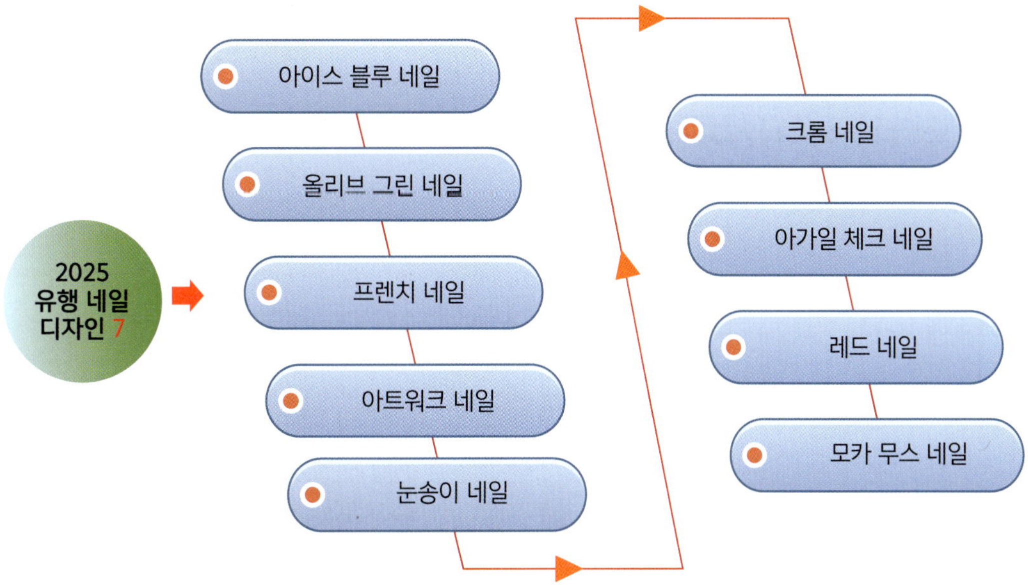

1 2025 유행할 네일 디자인 트렌드

네일 트렌드는 패션 트렌드 만큼이나 빠르게 변화한다. 네일산업은 경제나 사회가 어려울수록 사람들의 마음은 심플리티를 추구하므로 미니멀한디자인이 유행하는 경향이 높다. 해마다 꾸준히 인기를 얻고 있는 프렌치 네일은 2025년에도 여전히 강세를 보이고 있고, 지난해에도 매니아층이 형성되었던 크롬네일이 올해에도 여전히 유행을 이어갈 전망이다.

네일은 뷰티스타일링의 일부분이지만 인간의 심리를 컨트롤할 수 있는 중요한 분야이므로 지속가능한 발전이 기대되는 뷰티산업중 하나이다. 2025년은 팬톤 선정한 트렌드 컬러인 '모카 무스'가 주는 브라운 컬러의 특유의 편안하고 세련되며 부드러운 네일컬러가 심신의 안정과 동시에 멋스러움을 선사할 것이다.

a. 아이스 블루 네일

겨울의 차가운 빛을 빼닮은 아이스 블루는 신선하고 세련된 분위기를 주는 네일 컬러로 하얗고 깨끗한 네일 이미지를 표현하는 데 좋다. 아이스 블루 컬러를 바르고 광택이 없는 매트 톱코트를 발라도 좋지만 펄을 가미하여 은은한 빛을 강조하는 것도 추천한다. 블루 컬러와 잘 어울리는 컬러는 블루는 기본이고 화이트, 블랙 등과 같은 무채색 패션과 잘 어울리며 포인트 컬러로 연출하기 좋다.

Figure 113. 아이스 블루 네일

출처: https://www.vogue.co.kr/2025/01/09/2025%EB%85%84-%EC%83%88%ED%95%B4-%EC%B2%AB-%EB%84%A4%EC%9D%BC-%EC%95%84%ED%8A%B8%EB%A5%BC-%EC%9C%84%ED%95%9C-8%EA%B0%80%EC%A7%80-%EB%94%94%EC%9E%90%EC%9D%B8/?utm_source=naver&utm_medium=partnership(VOGUE2025. 1. 9.자 기사 2025년 새해 첫 네일아트를위한 8가지 디자인), https://kr.pinterest.com/pin/982488474956063338/

b. 올리브 그린 네일

올리브 그린 컬러는 S/S보다는 주로 F/W에 인기가 있다. 색상의 조합은 그린과 옐로, 블루가 믹스되어 있고, 화이트 골드보다는 옐로 골드 주얼리와 특히 잘 어울리며, 퍼스널 컬러로는 웜톤의 가을 이미지인 사람에게 적합하다고 할 수 있다. 올리브 그린 컬러는 고상하면서 세련된 이미지가 있어 부드러운 울 스웨터나 가죽 소재 의상과 매치했을 때 더욱 매력적이다. 매칭했을 때 잘 어울리는 컬러는 베이지, 브라운, 옐로 등과 같이 따뜻한 이미지를 주는 난색계열과 조합이 자연스럽다.

Figure 114. 올리브 그린 네일

출처: https://www.vogue.co.kr/2025/01/09/2025%EB%85%84-%EC%83%88%ED%95%B4-%EC%B2%AB-%EB%84%A4%EC%9D%BC-%EC%95%84%ED%8A%B8%EB%A5%BC-%EC%9C%84%ED%95%9C-8%EA%B0%80%EC%A7%80-%EB%94%94%EC%9E%90%EC%9D%B8/?utm_source=naver&utm_medium=partnership(VOGUE2025. 1. 9.자 기사 2025년 새해 첫 네일아트를위한 8가지 디자인), https://kr.pinterest.com/pin/987203180826891354/, https://kr.pinterest.com/pin/42150946507798865/,

c. 프렌치 네일

2025 S/S 유행 패션트렌드인 미니멀리즘의 영향을 받아 네일도 깔끔한 프렌치 네일이 유행할 전망이다. 이 디자인은 상큼하고 산뜻한 네일 디자인을 선호하는 사람, 네일아트를 처음 접해보는 사람도 부담없이 할 수 있는 디자인으로 유행을 타지 않는다. 프렌치 네일은 손톱의 스마일라인에만 포인트를 주므로 패션의 색상도 크게 지장을 받지 않아 의상과 유사한 색상으로 연결하면 멋스럽고 아니면 본인의 퍼스널컬러에 접합한 컬러를 연출해도 무난하게 잘 어울린다. 또한 프렌치 네일의 장점은 캐주얼 또는 클래식, 로맨틱 등

모든 이미지에 다 잘 어울리며, 프렌치 네일 연출 시 스마일 라인에 사용하는 재료, 테크닉, 비율 등에 따라 디자인의 이미지가 다양하게 표현된다.

Figure 115. 프렌치 네일

출처: https://www.vogue.co.kr/2025/01/09/2025%EB%85%84-%EC%83%88%ED%95%B4-%EC%B2%AB-%EB%84%A4%EC%9D%BC-%EC%95%84%ED%8A%B8%EB%A5%BC-%EC%9C%84%ED%95%9C-8%EA%B0%80%EC%A7%80-%EB%94%94%EC%9E%90%EC%9D%B8/?utm_source=naver&utm_medium=partnership(VOGUE2025. 1. 9.자 기사 2025년 새해 첫 네일아트를위한 8가지 디자인), https://kr.pinterest.com/pin/1266706140403781/, https://kr.pinterest.com/pin/351912465792905/, https://kr.pinterest.com/pin/9781324185844944/, https://kr.pinterest.com/pin/10766486605103430/

d. 아트 워크 네일

아트워크는 시각 예술에서의 작품을 의미하고 일러스트에 기반을 두고 있다. 이 아트워크는 순수 일러스트와 차별이 되는 창조적인 디자인 작업이며, 아티스트나 카메라 또는 다른 기계적 수단으로 마련된 전시용 미술작품 또는 프린트 기판의 레이아웃 작업을 의미한다.

Figure 116. 프렌치 네일

출처: https://www.vogue.co.kr/2025/01/09/2025%EB%85%84-%EC%83%88%ED%95%B4-%EC%B2%AB-%EB%84%A4%EC%9D%BC-%EC%95%84%ED%8A%B8%EB%A5%BC-%EC%9C%84%ED%95%9C-8%EA%B0%80%EC%A7%80-%EB%94%94%EC%9E%90%EC%9D%B8/?utm_source=naver&utm_medium=partnership(VOGUE2025. 1. 9.자 기사 2025년 새해 첫 네일아트를위한 8가지 디자인), 네이버 위키백과, https://kr.pinterest.com/pin/34832597114876861/, https://kr.pinterest.com/pin/7599893116406251/, https://kr.pinterest.com/pin/691372980329761288/, https://kr.pinterest.com/pin/1111833032791O686/

아트 워크 네일은 유명한 예술품에서 영감을 받은 추상적 디자인부터 생동감 넘치는 붓 터치를 그대로 손톱 위에 올린 네일 디자인으로 개성을 자유롭게 표현하는 성향이 나타나면서 기하학적인 아트부터 수채화에 이르기까지 양손을 진정한 예술 작품으로 만드는 아트워크 네일이 2025년에 유행할 전망이다.

e. 눈송이 네일

눈송이는 겨울을 연상시키는 계절감 있는 시즌 아이템으로 대표적으로는 화이트 크리스마스와 연상된다. 이 네일 디자인은 주로 겨울에 즐길 수 있는 디자인으로 청순하고 깨끗하며 로맨틱하고 러블리한 이미지를 원할 때 자주 활용되는 모티브이다.

눈송이 네일에 사용 컬러는 주로 화이트, 실버, 블루 등의 색상을 베이스로 하여 은은한 펄까지 추가하여 신비로운 겨울 네일의 매력을 강조하기에 좋다.

Figure 117. 프렌치 네일

출처: https://kr.pinterest.com/pin/23855073021492678,https://kr.pinterest.com/pin/2603712281164419/, https://kr.pinterest.com/pin/68748410815/, https://kr.pinterest.com/pin/461548661830987266

f. 크롬 네일

크롬은 24번째 금속 원소로 일반적인 금속 재료를 의미하고, 크롬네일은 2024년에도 유행 디자인으로 2025년에도 꾸준히 인기를 얻을 전망이다. 이 네일 디자인은 자신만의 강한 개성과 독특하고 차별화된 이미지를 어필하고 또한 트렌디함을 추구하면서 멋스러움, 섹시함, 패셔너블함을 지향하는 확고한 마니아층에게 인기가 있다.

크롬 네일의 디자인과 색상 자체가 글로시하고 화려한 이미지, 유광의 이미지가 있어 미래지향적이고 도회적인 느낌을 원한다면 이 디자인을 추천하고, 이와 동시에 메이크업도 글로시하게 통일감을 주어 연출한다면 보다 더 매력적인 이미지로 부각될 것이다.

Figure 118. 크롬 네일

출처: https://kr.pinterest.com/pin/4714774603707998/, https://kr.pinterest.com/pin/60517807444330095/, https://kr.pinterest.com/pin/5277724558124558/, https://kr.pinterest.com/pin/603975000063868721/

g. 아가일 체크 네일

아가일은 '마름모꼴'을 연속적으로 배치하여 구성한 무늬로 다이아몬드 문양을 의미한다.

이 문양은 패션에 활용될 때 개별적으로 하나만 사용하기보다는 반복적으로 전체 패턴으로 사용하며, 아가일 패턴은 따뜻함을 주는 계절인 FW에 활용되며, 패션 아이템으로는 니트, 가디건, 패션소품 등에 사용된다. 아가일 체크 네일이 어울리는 패션이미지는 단색인 솔리드 의상이나 심플리티를 추구하는 미니멀리즘에 포인트로 활용하기도 하고, 패션에도 아가일 또는 체크가 있을 때 통일감 있게 표현하는 것도 좋다.

Figure 119. 크롬 네일

출처: https://kr.pinterest.com/pin/4714774603707998/, https://kr.pinterest.com/pin/6051780744433095/, https://kr.pinterest.com/pin/5277724558124558/, https://kr.pinterest.com/pin/603975000063868721/

h. 레드 네일

사회가 혼란스럽고 경기가 어려울 때 레드 립스틱의 구매가 늘고 있다는 속설이 있다. 인간의 마음은 대리만족을 추구하는 마인드와 현재 처한 상황의 반대 성향이 공존하기에 강렬한 이미지와 도발적인 이미지, 섹시하며 화려한 레드 컬러를 선호하는 경향이 있다. 또한 레드 컬러가 주는 대담함과 클래식함은 영원 불변의 법칙이라고 할 수 있다. 어울리는 패션이미지는 유사계열은 물론이고 무채색 계열인 블랙, 화이트, 그레이 컬러에 잘 어울리고, 활용하는 팁으로는 레드의 채도를 낮추거나 명도를 높여서 활용하고, 유광 또는 무광의 레드, 비즈와 스톤으로 장식하는 네일, 일부 네일에만 포인트를 주는 프렌치 네일도 레드의 강렬함이 부담스럽지 않아좋다.

Figure 120. 레드 네일

출처: https://kr.pinterest.com/pin/633387441300951/, https://kr.pinterest.com/pin/2392606046983294/, https://kr.pinterest.com/pin/16325617395873322/, https://kr.pinterest.com/pin/211174977757121/

i. 모카 무스 네일

팬톤이 선정한 2025년 트렌드 컬러로 선정한 모카 무스는 우유를 듬뿍 넣은 코코아나 케이크 위에 올라가는 초콜릿 무스의 질감을 표현하는 색상이다. 브라운 계열이 주는 이미지는 일요일의 편안한 휴식과 소박하지만 촌스럽지 않은 세련됨을 동시에 주는 밀크 브라운 이미지로 부드럽고 따뜻한 느낌을 준다.

흔히 명품을 연상하면 고급스럽고 화려함을 주고, 이를 패션 언어로 표현하면 '조용한 럭셔리(Quiet Luxury)'이고, 영어 사전에서 찾으면 'Comfy(편안한)'라는 단어와 가장 흡사한 색상이라고 할 수 있다.

Figure 121. 모카 무스 네일

출처: https://kr.pinterest.com/pin/352336370866620485/, https://kr.pinterest.com/pin/281543724992438/, https://kr.pinterest.com/pin/563654328325794444/, https://kr.pinterest.com/pin/563018698273958/

Memo

Chapter **05**

아이디어 발상 및 분석

1. 아이디어 발상 및 분석

학습목표

1. 아이디어 발상 및 분석
2. SWOT 분석법에 대해서 학습한다.

BEAUTY TREND

1. 아이디어 발상 및 분석

창의적 사고에 의한 문제해결 능력이 요구되는 디자인 분야인 패션 및 뷰티산업 분야에서는 아이디어와 기술이 융합되어 새로운 라이프 스타일과 트렌드 제안으로 부가가치를 창출하고 있다. 아이디어는 대부분 창의적인 사고에 의해서 파생되는데, 창의의 개념은 창의성과 창의력을 모두 포함하는 개념이다.

1 창의적 사람의 10가지 특성

	구분	특징
1	경외심	창의적인 사람은 외부 세계에 대해 신선하고 아이 같은 놀라움과 지각력을 보여준다.
2	내적 감정과 감각에 대한 개방	자발적이고 즉각적이며 주저하지 않는다. 느끼고 생각하는 것에 대해 남들에게 쉽고 이야기 한다.
3	호기심, 탐구심, 모험적 정신	자신의 환경에 대해 호기심이 많아 사물이나 생각의 유희를 좋아한다.
4	상상력	실제로 감각할 수 없거나 한 번도 경험해 보지 않는 것을 정신적으로 형성시킬 수 있는 힘이다. 또는 이전에 관련되지 않은 생각들을 결합함으로써 새로운 영상을 만들어 내는 능력이다.
5	직관적 사고	논리적인 추리 없이 문제를 해결하는 것으로 직관적으로 사고하는 사람은 예감에 개방되어 있어 좋은 추측을 할 수 있다.
6	독립적 사고	타인에게 쉽게 동조하지 않고 자기의 판단기준에 확신을 가지고 있다. 권력 있는 것을 받아들이기보다는 자기 자신에게 맞는 것을 찾아낸다.
7	일에 대한 개인적 열성	창의적인 사람은 스스로 작업과 일체가 되어 있는 완전히 몰입하고 일에 의해 지배된다. 개인적으로 의미있고 만족스러운 일에 열정적으로 집중한다.

8	확산적 사고	주어진 사실에 의해 결정되는 한 가지 답만을 찾아내는 수렴적 사고와는 대조적으로 여러 가지 가능성을 제시하며, 서로 다른 방향으로 가는 식으로 이미 다져진 길을 우회하여 다양성과 독창성을 추구한다.
9	창의적 소질	사물을 표현할 때 어떻게 되어야 한다거나 어떻게 되어 왔는가를 생각하기 보다 개인 특유의 방식으로 표현하는 경향이 있다. 새로움 다양함, 독창성을 추구한다.
10	사고의 유의	일반적이지 않은 것, 상상적인 것, 그럴 것 같지 않은 생각을 제시했을 때 제일 먼저 여러 가능성과 의미를 놓고 다각적으로 고려한다.

출처: 장문석(2004)창의적인 아이디어발상 수업개발을 위한 지시표상의 활용에 관한 연구. 국민대 석사논문, pp. 10-12.

토랜스(E. P. Torrance)가 제안한 창의성이란 해결하기 어려운 문제를 인식하고 그것을 해결하고 전달하는 과정이라고 정의하였다. 찰스 샤퍼(Charles Schaefer)가 제시한 창의적 사람의 10가지 특성은 다음과 같다.

2 창의적인 아이디어 발상법

창의적 사고를 훈련하고 싶다면 항상 질문하고(의문을 갖고), 관찰하고, 연결해 보고, 실험하는 태도가 중요하다. 평상 시 창의적인 사고를 훈련받고 싶다면 첫 번째로 항상 '이 방법 밖에 없는가?'와 같이 질문하는 습관을 가지면 된다. 두 번째는 '관찰하기'를 즐길 것을 권장한다. 창의적 사고 기법 중에서 가장 흔히 사용하는 방법들은 여러 가지가 있는데 대표적인 종류로는 브레인스토밍, 체크리스트법, 스캠퍼 기법, 마인드 맵, 브레인라이팅, 스와트 분석(SWOT) 등이 있으며 세부적인 특징은 다음과 같다.

a. 브레인스토밍(brainstorming) 기법

브레인스토밍(brainstorming) 방법이란 여러 사람이 동일 공간에 모여 특정 문제에 대한 아이디어를 공동으로 토론하는 회의 방식의 집단사고 방식이다. 이 방법은 광고회사의 알렉스. F. 오스본에 의해 처음 제안되었고, 여러 사람이 모여서 동일 주제에 대해 서로의 다양한 의견을 공동으로 제시하는 방법으로 공동체된 집단사고를 통해 사고가 확산되는 기법을 의미하다. 즉, 폭풍이 몰아치듯 두뇌를 자극하여 집단의 효과를 살리고 아이디어의 연쇄반응을 얻고자 하는 것이다.

따라서 이 방법의 핵심은 아이디어의 질보다는 다수의 아이디어 제안이 더 중요함을 시시한다. "부뚜막의 소금도 집어 넣으면 짜다"는 속담이 있듯이 어떤 문제가 발생했을 때 혼자가 아닌 여러 사람이 같이 문제를 풀면 해결이 쉽다는 것을 의미한다.

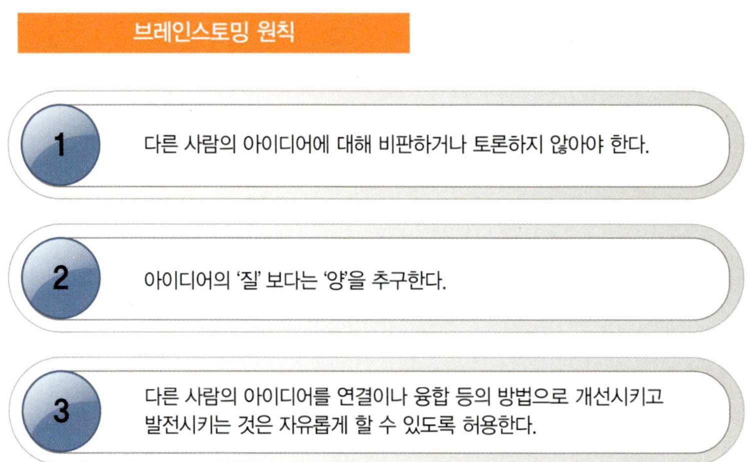

Figure 1. 브레인스토밍 원칙

출처: https://blog.lgcns.com/1232

브레인스토밍의 원칙을 왜 지켜야 할까? 첫 번째 원칙은 사람들의 대부분은 본능적으로 다른 사람이 어떤 의견을 제시하면 그 아이디어에 대해 평가하고 싶어 한다. 한두 사람의 의견이 평가를 받기 시작하면 자유롭게 생각을 이야기해야 하는데 대부분의 사람들은 심리적으로 위축되어 더 이상 아이디어를 제시하기를 꺼려한다. 두 번째 원칙은 한 개의 질 좋은 아이디어를 도출하기에는 어려움이 많기에 방대한 양의 아이디어에서 선택하는 것이 낫다는 장점은 있지만 일부 전문가들은 아무리 양이 많아도 질 좋은 아이디어가 있는 것은 아니라며 브레인스토밍기법을 부정적으로 보는 견해도 있다. 세 번째는 창의적 사고방식에서 연결을 통한 재구성과 협력의 측면에서 설명해보면, 한 사람이 모든 아이디어를 낼 수 없고, 여러 사람들의 다양한 의견이 도출되고 재조합 되면 보다 훌륭한 아이디어를 도출할 수 있다는 것을 의미한다.

b. 스캠퍼(Scamper)기법

우리가 브레인스토밍을 하다 보면 처음 시작할 때에는 아이디어가 많이 나오는 경향이 있다. 그런데 시간이 지나면 아이디어가 거의 나오지 않는 경우도 많다. 그 이유는 사람들이 보고 느끼고 판단하는 것이 비슷비슷하기 때문이다. 하지만 평소에 다른 아이디어를 많이 내어 보지 않았기 때문에 어떻게 발상을 해야 하는지 방법 자체를 잘 몰라서 새로운 아이디어를 이어가기 힘든 경우도 많다. 이럴 때 촉매제 역할을 하는 발상법이 바로 스캠퍼(Scamper)기법이다.

더 이상 새로운 아이디어가 떠오르지 않을 때 이 체크리스트를 가지고 한 번 더 고민해보면 참신하고 때론 엉뚱한 아이디어를 만들어 낼 수 있다. 예를 들어 '냉장고'라는 아이디어가 있다고 가정할 때 이를 스캠퍼 기법 7번의 체크리스트 다른 용도(Put to other use)의 관점에서 생각해보면'김치냉장고', '와인 냉장고' 등이 있다.

이처럼 관련 분야의 학자들은 다양한 아이디어 발상기법을 개발하기 위하여 꾸준한 노력을 하고 있다. 다음은 브레인스토밍의 창시자인 알렉즈 오즈번이 고안한 발상법 9가지의 체크리스트 발상법을 참고로 하여 자신의 업무분야에 활용할 것을 권장한다(Figure 130).

스캠퍼(Scamper)기법

1. **Substitute(대체):** 다른 것으로 대체할 수 있는가? 다른 관점? 다른 방식?
2. **Combine(결합):** 다른 것과 조합할 수 있는가?
3. **Adapt(적용):** 이것은 다른 아이디어를 적용시킬 수 있는가? 비슷한 다른 건 없을까?
4. **Modify(변경):** 모양, 색상, 의미 등을 바꿀 수 있을까?
5. **Magnify(확대):** 더 크게, 더 높게, 더 길게, 더 강하게, 더 빨리, 더 자주 할 수 있는가?
6. **Minify(축소):** 더 작게, 더 낮게, 더 짧게, 더 약하게, 더 천천히 할 수 있을까?
7. **Put to other uses(다른 용도):** 개선해서 또는 변경없이 다른 용도로 쓸 수 있을까?
8. **Eliminate(제거):** 여기서 뭔가를 제거하면 어떨까?
9. **Rearrange(재배열) or Reverse(뒤집기):** 순서를 바꾸거나 요소를 재배치 하거나, 상하좌우 뒤집거나 역할을 바꿔 볼 수 있을까?

Figure 2. 스캠퍼 기법 예시

출처: https://blog.lgcns.com/1232

c. 마인드 맵(Mind Map)

마인드 맵은 정신력을 집중하여 두뇌활용범위를 가르쳐주며, 두뇌와 생각을 통해 논리적이고 정의적인 사고력을 훈련시켜주는 아이디어 발상법이다. 사람의 두뇌는 두 개의 복잡한 신경조직으로 구분되는데, 좌뇌와 우뇌가 있다. 좌뇌는 대부분 학문적이고 일차적인 행동을 담당하는 뇌이고, 우뇌는 상상력과 생각이 필요한 행동을 담당하는 뇌이다. 두 가지의 뇌는 서로 하는 역할이 다르지만 양쪽 뇌는 돕는다. 따라서 양쪽 뇌가 얼마만큼 서로 도움을 주는지에 따라 우리의 창의력과 상상력은 천차만별로 달라지게 된다. 따라서 마인드 맵 기법을 잘 활용함으로써 두뇌 운동은 물론 좋은 작품을 디자인하고 계획할 수 있다.

Figure 3. 우뇌와 좌뇌의 역할

출처: https://blog.lgcns.com/1232

d. 브레인라이팅(Brain Wrting) 기법

브레인라이팅 기법은 참석자들의 자신의 생각을 말하지 않고 종이에 기록한 다음 발표하게 하는 방식이다. 브레인스토밍 기법은 앞서 언급한 문제점 외에 다른 사람들의 말에 의해 사고가 경직될 수 있는 가능성, 영향을 받을 수 있는 가능성 등이 존재한다. 그래서 발표를 하지 않고 종이에 쓰게 하면 좀 더 자신의 생각을 자연스럽고 허심탄회하게 표현할 수 있게 된다. 특히 회의 시 자유롭게 이야기를 해 보라고 하면 말을 잘 안 하는 사람들이 많은데 이런 성격이 소극적이고 소심한 사람도 부담없이 참여할 수 있는 방법이다. 예를 들어 종이를 배포하지 않고 포스트 잇(Post It)을 배포하여 작성한 후 벽에 붙이는 방식을 권장한다.

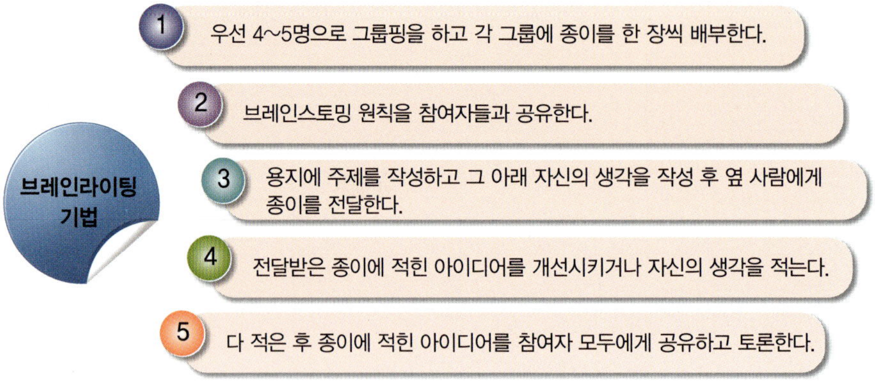

Figure 4. 브레인라이팅 기법 예시

출처: https://blog.lgcns.com/1232

e. 스와트 분석(SWOT)

기업의 경영전략을 수립할 때 강점(Strength), 약점(Weakness), 기회(Opportunity), 위협(Threat) 등으로 주위 환경을 분석한 뒤 전략을 도출해내는 분석방법이다. 마케팅 전략 수립 시 많이 사용된다. 특정 기업의 내부환경을 관찰 및 분석하여 강점과 약점을 발견하고, 외부환경을 분석하여 기회와 위협을 찾아서 접목하고 이를 바탕으로 강점은 살리고 약점은 제거하며, 기회는 적극 활용하고 불필요한 위협을 극복하기 위한 마케팅 전략을 수립하는 것이다. 이때 사용되는 4요소를 강점, 약점, 기회, 위협(SWOT)이라고 하는데, 강점은 경

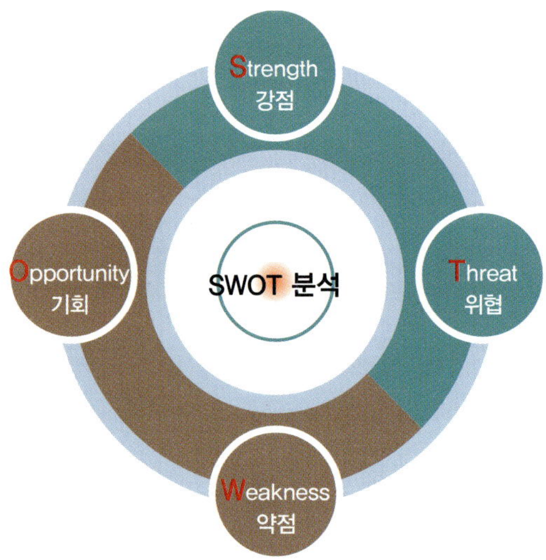

Figure 5. 브레인라이팅 기법

쟁기업과 비교하여 소비자로부터 강점으로 인식되는 것은 무엇인지, 약점은 경쟁기업과 비교하여 소비자로부터 약점으로 인식되는 것은 무엇인지, 기회는 외부환경에서 유리한 기회요인은 무엇인지, 위협은 외부환경에서 불리한 위협요인은 무엇인지를 찾아낸다. 기업 내부의 강점과 약점을 기업 외부의 기회와 위협을 대응시켜 기업의 목표를 달성하려는 SWOT분석에 의한 마케팅 전략의 특성은 다음과 같다.

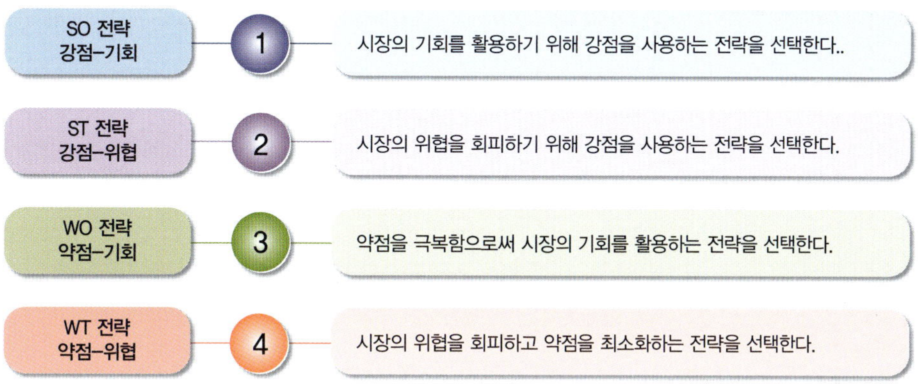

Figure 6. SWOT 분석에 의한 마케팅 전략 특성

3 아이디어 발상의 좋은 방법 3가지

아이디어를 잘 얻는 발상방법으로 마상, 침상, 측상을 거론하는 경우가 있다. 마상(馬上) 즉 말 위, 침상(枕上)은 잠을 자는 잠자리, 측상(厠上)은 화장실을 의미한다.

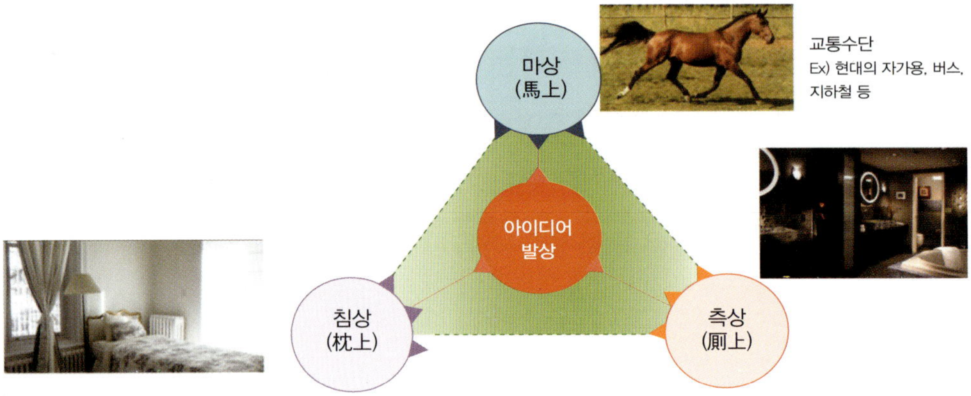

Figure 7. 아이디어 발상하기 좋은 방법

출처 https://blog.naver.com/welldoner/220036602927, https://cafe.naver.com/decodiary/1990082, https://blog.naver.com/smkook57/220970180622, https://blog.naver.com/danaaaay/

마상은 천재 수학자인 푸앵카레(Jules Henri Poincare, 1854 ~ 1912)가 좋은 아이디어를 도출하기 위한 방법을 제시하였는데, 마차를 타면서 디딤판에 발을 올려 놓는 순간 무의식적으로 영감이 떠올랐고, 그동안 해결되지 못한 수학의 난제를 완벽하게 해결했다고 한다. 마상이 과거 기준으로는 말 위를 의미하는 것이지만, 현대에서는 이동수단인 자가용, 전철, 버스 등의 교통수단을 이용하면서 떠오르는 생각을 의미한다.

침상은 독일의 화학자 케쿨레(Friedrich August Kekule, 1829~1896)가 꿈에서 뱀이 자기 꼬리를 물며 뱅뱅 도는 것을 꾸면서부터 힌트를 얻었고, 그걸 기점으로 하여 벤젠의 구조를 밝혀냈다고 한다. 한국을 대표하는 소설가 황석영도 몇년 전 특정 예능 TV프로그램에 출연하여 본인도 실제로 꿈에서 많은 아이디어를 얻는 경향이 많아 취침 시 항상 머리맡에 필기도구를 비치한다고 한다.

측상은 화장실에서 하는 생각을 의미한다. 현대인의 바쁜 일상 속에서 여유롭게 혼자 생각할 수 있는 시간이 많지 않은 것이 대부분이다. 하지만 혼자 어느 누구의 방해도 받지 않고 편하게 앉아서 심호흡하며 머릿속을 차분히 비워보는 장소가 화장실이다. 이런 점을 반영하여 실제로 특정 회사에서는 화장실에 필기도구를 항상 비치하도록 하여 평상 시 예측하지 못한 곳에서 좋은 아이디어가 도출 될 수 있다는 특성을 반영하도록 하였다.

4 좋은 아이디어 도출 방법

Figure 8. 좋은 아이디어 도출방법

출처: https://www.slideshare.net/galiba/ss-3935560, https://www.pinterest.co.kr/pin/712694709751315948/

좋은 아이디어를 도출하는 방법은 5가지가 있다. 첫째, 홀로 하지 말고 타인과 협업하여 일을 진행하는 것이 좋다. 옛말에 '백지장도 맞들면 낫다', '부뚜막에 소금도 집어 넣어야 짜다는 말이 있다'. 따라서 혼자보다는 여럿이 협업하는 것이 다양한 아이디어 도출이 가능하다. 둘째, 꿈꾸는 사람을 만나는 것이다. 즉 다양한 아이디어와 생각이 많은 사람과 같이 협업한다. 셋째, 현실주의자를 만나 실현 가능성 있는 디자인을 제안하고 실행하는 것이 좋다. 넷째, 반대주의자와 협업하는 것이다. 매사에 긍정적인 사람은 우유부단하거나 일을 처리함에 있어 안일함으로 나태해질 수 있기에 가끔은 부정적인 사람이 아이디어 발상에 '왜?'라는 의문점을 들게 하여 도움이 되는 경우가 있다. 다섯째, 핵심인물(제3의 인물)과 협업하는 것이 좋다. 모든 것이 다 구비되고 준비완료임에도 불구하고 결정권이 없으면 계획에만 그치고 실제 진행되기 어렵다. 따라서 결정권자와 협업을 한다면 디자인에서부터 제작까지 일이 진행되기가 쉽다.

5 뷰티디자인 작품 개발 프로세스

뷰티분야의 작품을 디자인하고 개발하기까지 다음과 같은 프로세스에 의해 제작된다. 먼저 뷰티분야 및 산업의 다양한 트렌드를 조사하고 분석한다. 이를 토대로 하여 트렌드 분석 분포도를 작성하고 관련 디자인의 SWOT 분석을 실시하고 디자인을 선정 및 분석한다. 분석된 디자인의 일러스트를 제작하고 디자인 계발계획서를 작성하고, 디자인에 필요한 각종 도구들을 점검한다. 마지막으로 디자인 계획서를 보고 작품을 제작 및 개발을 완성하며 마무리한다.

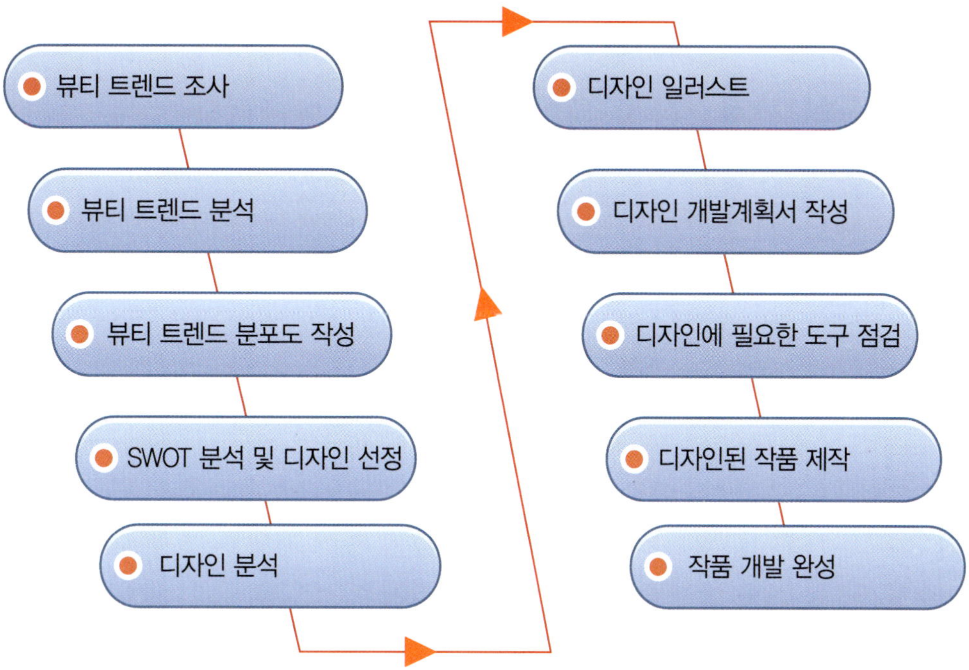

Figure 9. 뷰티디자인 작품개발 프로세스

출처: 이현진(2018) 외 4인 공저 뷰티트렌드 개발 및 분석. 광문각

참고문헌

· 김경훈(2005). 미래를 읽는 9가지 기술, 트렌드 워칭. 2005. pp. 14-15.

· 김난도 외 10인 공저(2025). 소비트렌드분석센터의 2025 전망. 미래의 창

· 김선주, 안현정(2013). 트렌드 와칭. 21세기북스.

· 김은정, 박옥련(2007). 유행색과 패션 트렌드

· 정현(2018). 뉴노멀 시대의 국내 패션산업 메가트렌드 연구. 한국기초조형학회지, 19(4), 391-404.

· 서예지(2018). 패션 트렌드 색채의 특성 및 시즌별 색채 연결망 구조. 연세대학교 박사학위논문, p. 8.

· 신병철(2008). 통찰의 기술. 출판사 지형.

· 이현진, 임선희, 유현아, 하성현, 차현희(2018). 뷰티트렌드 분석 및 개발. 광문각.

· 장문석(2004). 창의적인 아이디어발상 수업개발을 위한 지시표상의 활용에 관한 연구. 국민대 석사논문, pp. 10-12.

· 헨릭 베일가드, 트렌드를 읽는 기술(2008). 비즈니스 북스. p. 22.

· [네이버 지식백과] 클래식 메이크업 [classic make-up] (색채용어사전, 2007, 박연선, 국립국어원)

· [네이버 위키백과] 탕후루

· [네이버 위키백과] 제인 버킨

· 홈페이지: 앙트러리얼리티, ㈜비지엠플러스, 이지유, 닥터블릿, 퓨리카, 동국제약, 듀얼소닉, 로레알, 용인에버랜드, 삼성전자, 유튜브, 인스타그램, 알리익스프레스, 테무, 한국마사회, 홈앤쇼핑, 다이소, 대전성심당, 경주황남빵, 카페 감자밭, 단양마늘

빵, jtbc, tvN, MBN, 고용노동부, SBS, 교촌치킨, 당근마켓, 넷플릭스, 베스킨라빈스, 요하정, 농심, 투썸플레이스, 현대자동차, 던킨도너츠, 카카오프렌즈, 삼양, KFC, Apple, 스타벅스, 서울시청, APC, 대한통운, 쿠폰제작소, amazon, 올리브영, 네이버 라이브쇼핑, 신세계 라이브쇼핑, 구찌, 세포라, 맥스클리닉, 나인테일즈, TS샴푸, 웰라, 뉴진스(해인, 민지, 다니엘, 하니), 페리페라, MAC, 샤넬, 롬앤, 쏘미미, 엘라스틴, 따봉카라 부활연구소,

· www.vogue.co.kr. 2025. 1. 29.자 기사. 2025년 봄.여름을 지배할 패션트렌드 15.
· https://www.wwdkorea.com
· SENSIENT BEAUTY
· https://www.eyesmag.com
· https://www.fashionn.com
· WWD. Korea
· allurkorea.com. 2025. 2. 2.자 기사 2025 S/S 메이크업 트렌드 따라잡기
·SNS: 지드래곤, 의사 서려경, 의사 임상진, BTS, 블랙핑크(로제, 제니, 지수), 박신혜, 고민시, 문가영, 김태리, 이사베, 박보영, 이보영, 설인아, 김지원, 한소희, 고준희, 손담비, 유이, 스트레이 키즈(현진), 도경수, 유아인, 박서준, 조세호, 장기용, 송강, 이준호, 차은우, 남주혁, 김우빈, 최우식, BTS(뷔), 공유, 여진구, 지창욱, 추영우,
· https://blog.naver.com/joamail/223538165605
· https://blog.naver.com/maerona61/223649980054
· https://blog.naver.com/meeeeyoooo/221897214855
· https://blog.naver.com/ioncosmetic/223694829760
· https://www.cosinkorea.com/news/article.html?no=53504

· https://www.yakup.com/news/index.html?mode=view&nid=304428(약업신문 2024. 12. 30자 기사

· https://www.kati.net/board/exportNewsView.do?board_seq=100745(KATI 농식품수출정보

· WWW. prnewswire.com

· https://dealsite.co.kr/articles/135450(Dealsite. 2025. 1. 22일 기사,

· https://www.jangup.com/news/articleView.html?idxno=91560(장업신문)

· https://biz.newdaily.co.kr/site/data/html/2024/12/18/2024121800263.html

· https://blog.naver.com/connect-n/223264224244

· https://blog.naver.com/lsg9781/223354484283,

· https://www.yakup.com/news/index.html?mode=view&cat=12&nid=304429(약업신문2024. 12. 30.자 기사(안티에이징 넘어 생물학적 장수의 길로)

· https://www.chosun.com/special/boutique/boutique-beauty/2025/01/31/5433TYZ4GJFZHOUDIC3BCU237Q/?utm_source=naver&utm_medium=referral&utm_campaign=naver-news(조선일보 2025. 2. 3.자 기사. 스트레이키즈 현진이 쏘아 올린, 남자 반삭 '버즈컷' 유행

· VOGUE 2025. 1. 8.자 기사. 세계적으로 유행할 2025 헤어 트렌드7

·https://www.vogue.co.kr/2025/01/09/2025%EB%85%84-%EC%83%88%ED%95%B4-%EC%B2%AB-%EB%84%A4%EC%9D%BC-%EC%95%84%ED%8A%B8%EB%A5%BC-%EC%9C%84%ED%95%9C-8%EA%B0%80%EC%A7%80-%EB%94%94%EC%9E%90%EC%9D%B8/?utm_source=naver&utm_medium=partnership(VOGUE2025. 1. 9.자 기사 2025년 새해 첫 네일아트를위한 8가지 디자인

· https://kr.pinterest.com/pin/982488474956063338/
· ahttps://blog.naver.com/doublesholdings/223688907786
· https://www.highcut.co.kr/34/?bmode=view&idx=139738024
· https://m.post.naver.com/viewer/postView.naver?volumeNo=37130838&memberNo=38766620,
· twoslashfour.com(이사베)
·https://www.chosun.com/special/boutique/boutique-beauty/2025/01/30/QMNDFJWF3BEDZP4RTVC3C2R5WE/?utm_source=naver&utm_medium=referral&utm_campaign=naver-news, https://blog.naver.com/thehigh_beauty/223709127131
· https://kr.pinterest.com/pin/25614291624575698/
· https://kr.pinterest.com/pin/192951165280381686/
· https://kr.pinterest.com/pin/283726845271606824/
· https://kr.pinterest.com/pin/342836590401684049/
· https://kr.pinterest.com/pin/14847873765895957/
· https://kr.pinterest.com/pin/15621929950592141/
· https://blog.naver.com/onedayoneceo/223752274548,
· https://blog.naver.com/mim3333/223037498659
· https://kr.pinterest.com/pin/226517056253739120/
· https://kr.pinterest.com/pin/3729612255567104/(팬톤2025 대표컬러 모카 무스)
· https://kr.pinterest.com/pin/190206784257754155/
· https://kr.pinterest.com/pin/839780661803513189/
· https://kr.pinterest.com/pin/657877458099669447/

- https://kr.pinterest.com/pin/27444497683177796/
- https://kr.pinterest.com/pin/1031605858395017555/
- https://blog.naver.com/bukkyou/223719953800
- https://blog.naver.com/bukkyou/223719953800
- https://kr.pinterest.com/pin/41658365297663028/
- https://kr.pinterest.com/pin/57209857759721205
- https://kr.pinterest.com/pin/3096293489917160/
- https://kr.pinterest.com/pin/739576188758375568/
- https://kr.pinterest.com/pin/890446157576784331/
- https://kr.pinterest.com/pin/721842646556061368/
- https://kr.pinterest.com/pin/1055109018950238093/,
- https://kr.pinterest.com/pin/692217405260027847/
- https://kr.pinterest.com/pin/1143421792895022756/
- https://kr.pinterest.com/pin/937522847435396541/
- https://kr.pinterest.com/pin/586805026483089721/
- https://blog.naver.com/avidasun/223685401362
- https://kr.pinterest.com/pin/14566398791409331/
- https://kr.pinterest.com/pin/462533824250487894/
- https://kr.pinterest.com/pin/59602395062638429/
- https://kr.pinterest.com/pin/312507661663384939/
- https://kr.pinterest.com/pin/987203180826891354/
- https://kr.pinterest.com/pin/42150946507798865/
- https://kr.pinterest.com/pin/12667061404037814/

· https://kr.pinterest.com/pin/351912465792905/
· https://kr.pinterest.com/pin/9781324185844944/
· https://kr.pinterest.com/pin/10766486605103430/
· https://kr.pinterest.com/pin/34832597114876861/
· https://kr.pinterest.com/pin/7599893116406251/
· https://kr.pinterest.com/pin/691372980329761288/
· https://kr.pinterest.com/pin/11118330327910686/
· https://kr.pinterest.com/pin/23855073021492678
· https://kr.pinterest.com/pin/26037122811164419/
· https://kr.pinterest.com/pin/68748410815/
· https://kr.pinterest.com/pin/461548661830987266
· https://kr.pinterest.com/pin/4714774603707998/
· https://kr.pinterest.com/pin/60517807444330 95/
· https://kr.pinterest.com/pin/5277724558124558/
· https://kr.pinterest.com/pin/603975000063868721/